PROJEKTARBEIT IM SCHULLANDHEIM

Herausgegeben vom Verband Deutscher Schullandheime e.V.
Gefördert aus Mitteln des Bundesministeriums für Bildung und Wissenschaft

Gesamtherstellung Walhalla u. Praetoria Verlag Georg Zwickenpflug KG,
Dolomitenstraße 1, 8400 Regensburg
1980 (Zweite überarbeitete Auflage)
Printed in the Federal Republic of Germany
ISBN 3-8029-9201-6

PROJEKTARBEIT IM SCHULLANDHEIM

Band 1

Geographie

Gesamt-Inhaltsverzeichnis

Einleitung

KLAUS KRUSE

Der Verband Deutscher Schullandheime e.V. führte im Zeitraum 1973 bis 1978 mit finanzieller Förderung des Bundesministeriums für Bildung und Wissenschaft unter dem Titel „Projektarbeit in Schullandheimen“ in über 30 Schullandheimen von 10 Bundesländern ein umfangreiches Modellversuchsprogramm [1]) durch.

Als erste Dokumentation dieses Programms konnte 1975 das Handbuch „Pädagogik im Schullandheim“ herausgegeben werden.

Dieses grundlegende Werk wird nun durch verschiedene Folgebände zum Themenbereich „Projektarbeit im Schullandheim“ ergänzt und erweitert. Während das Handbuch „Pädagogik im Schullandheim“ die Vielfalt der pädagogischen Aspekte im Schullandheim darstellte, können sich die auf einen „Fachbereich“ hin orientierten Folgebände viel stärker auf einen thematischen Schwerpunkt konzentrieren. Unter dem Gesamttitel „Projektarbeit im Schullandheim“ erscheinen 1 Gesamtband und 4 Einzelbände zu folgenden Bereichen: Band 1 „Geographie“; Band 2 „Biologie“; Band 3 „Fotografieren/Filmen/Fernseherziehung“ und Band 4 „Arbeitslehre/Werken“.

Die im vorliegenden Band 1 dargestellten Projektbeispiele zum Bereich „Geographie“ sind Ergebnisse von Unterrichtsprojekten, die in Schullandheimen erprobt und ausgewertet worden sind. Ihre Veröffentlichung steht unter dem Leitgedanken „aus der Praxis für die Praxis“. Sie soll über Versuche, Ansätze und Erfahrungen berichten und Anregungen und Hinweise in didaktischer und methodischer Hinsicht für die unterrichtliche Arbeit während der Schullandheimaufenthalte geben.

---

[1]) Wegen des großen Bedürfnisses in Schule und Hochschule nach Informationen über die theoretische Grundlegung der Schullandheimpädagogik wie nach praktischen Hilfen für die Durchführung von Schullandheimaufenthalten wurden seit 1976 weitere Modellversuchsprogramme entwickelt. Dank der finanziellen Förderung durch das Bundesministerium für Bildung und Wissenschaft konnten die Modellversuche „Künstler und Schüler in Schullandheim und Schule“, „Seminare zur Vorbereitung auf die Berufs- und Arbeitswelt für Schüler der Abschlußklassen aller Schularten in Schullandheimen“ und „Psychosoziale Erziehung in Schullandheimen“ eingerichtet werden.

Eine umfassende, systematische Dokumentation der Ergebnisse des gesamten Modellversuchsprogramms erfolgt in dem Gesamtband „Projektarbeit im Schullandheim Band 1—4". An dieser Stelle können nur einzelne Aspekte betrachtet werden.

Für den Unterricht im Schullandheim lassen sich folgende Formen unterscheiden:

— „Natürliches Lernen"

— Situativ bedingter Unterricht

— Projektarbeit

— „Ausgelagerter Schulunterricht"

Für das Schullandheim bietet sich als Unterrichtsform besonders die Projektarbeit an, wie sie in gewissem Sinne bei Unterrichtsvorhaben in Schullandheimen schon gelegentlich durchgeführt wurden. Zum Teil handelte es sich dabei jedoch nur um „natürliches Lernen", das von Zufall und Gegebenheit bestimmt wurde. Der Unterricht in Schullandheimen sollte sich aber nicht nur auf solche Gelegenheitsvorhaben beschränken. Er sollte ebenso sehr zielorientiertes und projektorientiertes Lernen ermöglichen.

So bietet aufgrund der besonderen pädagogischen Situation im Schullandheim [1]) ein Aufenthalt vielfältige Möglichkeiten und Bedingungen, Unterrichtsprojekte zu initiieren, zu planen und durchzuführen. In Ruhe und „ohne Gongschlag" können die gesammelten Erfahrungen zusammengefaßt, geordnet, verglichen, kritisiert und zu anderen Erfahrungen in Beziehung gesetzt werden, damit so die Bedeutung dessen erkannt werden kann, was man „getan" oder „erfahren" hat. Daher lassen sich häufig „geschlossene" Arbeitsvorhaben (Projekte), für die in der Schule mit Fachunterricht und seinen wenigen kurzen Unterrichtsstunden oft nicht genügend Zeit vorhanden ist, in die Zeit der Schullandheimaufenthalte verlegen.

Der Schulandheimaufenthalt ermöglicht dabei außerdem günstige Voraussetzungen, Soziales Lernen der Schüler und Lehrer zu fördern. Das ganztägige Zusammenleben und -arbeiten motiviert zu intensiver Kommunikation, Kooperation und Integration.

———————

[1]) Vgl. hierzu insbesondere die Ausführungen von G. Kochansky im Handbuch „Pädagogik im Schullandheim", 1975, Regensburg, S. 129 ff.

Das *Schullandheim* ist in diesem Sinne ein idealer *„schulischer Lernort außerhalb der Schule“*, wo geographische, biologische, historische, ökonomische, politische und soziologische, ganz allgemein standorttypische Objekte an Interesse gewinnen, weil sie für den Schüler anschaulich erlebbar sind und Lernen durch Handeln und Erfahrungen möglich ist.

Auf die verschiedenen Möglichkeiten der Projektformen im Schullandheim weisen die Autoren in ihren Einzelbeiträgen hin. Eine ausführliche, systematisierende, zusammenfassende Darstellung erfolgt in dem Gesamtband „Projektarbeit im Schullandheim Band 1—4“.

Die Autoren des vorliegenden Bandes „Projektarbeit im Schullandheim — Geographie — Band 1“ tragen die Verantwortung für den Inhalt ihrer Artikel, Aufsätze und Beiträge. Eine zentrale Funktion bei der Koordinierung des Themenbereiches „Geographische Feldarbeit“ nahm die Arbeitsgruppe Prof. Dr. Kersberg/Dr. Dege/Dr. Voigt an der PH Ruhr, Dortmund, wahr.

Allen Lehrern, Schülern und Wissenschaftlern, die sich am Modellversuchsprogramm beteiligten und sich um das Zustandekommen und die Herausgabe dieser Veröffentlichung bemüht und sie ermöglicht haben, sei herzlich gedankt. Besonderer Dank gilt Herrn Prof. Dr. Herbert Kersberg, Hagen, für seine Mitarbeit bei der redaktionellen Überarbeitung.

Geographie im Schullandheim

HERBERT KERSBERG

Geographie umfaßt zunächst zwei unterschiedliche Inhalte und Betrachtungsweisen unserer Erdoberfläche: eine auf die Naturstrukturen gerichtete (physische Geographie) und eine auf die Wirksamkeit des handelnden und wirtschaftenden Menschen gerichtete (Anthropogeographie). Dieser grundsätzliche Dualismus in der Geographie, der das Spannungsverhältnis von Mensch und Natur, von Gesellschaft und Raum aufzeigt, kennzeichnet nicht nur die Geographie als Wissenschaft, sondern in noch stärkerem Maße den Geographieunterricht. Er befaßt sich fast ausschließlich mit den von Menschen bewohnten und veränderten Räumen dieser Erde. Dabei stehen der handelnde Mensch und die durch die Gesellschaft geschaffenen bzw. veränderten Raumstrukturen meist im Mittelpunkt der Betrachtung ("Sozialgeographie"). In dem neuen Forschungs- und Lehrgebiet der Geoökologie kommt die unauflösliche Verbundenheit von Mensch und Natur in einem Wechselwirkungsgefüge wohl am eindruckvollsten zum Ausdruck: wird das Kräfteverhältnis durch Überschreiten der durch die Natur gesetzten Grenzen gestört, kann das Ungleichgewicht katastrophale Folgen haben.

Geographieunterricht kann heute kein die Landschaften und Länder dieser Erde bloß beschreibender, in problemloser topographischer Orientierung sich erschöpfender Unterricht mehr sein. Er ist gekennzeichnet von einer thematischen und methodischen Vielfalt und einer Anforderung an Aktualität wie sonst kaum eines der traditionellen Unterrichtsfächer: Standortsfragen der Industrie, die Entwicklungsformen der Landwirtschaft, veränderte Erwerbsstrukturen und die Auswirkungen von Gebietsreformen gehören ebenso zu den Unterrichtsthemen wie die Wirksamkeit des Tourismus auf das Aussehen und die sozialen Strukturen der Fremdenverkehrslandschaften oder etwa die Fähigkeit, Wetterkarten lesen und Wetterberichte verstehen zu können.

Bei einem so weiten thematischen Bogen mit einer entsprechenden Fülle kognitiver und instrumentaler Lernziele läuft der Geographieunterricht in der Schule heute allerdings Gefahr, zu stark im Theoretischen zu verharren und die einst gerade dieses Fach auszeichnende „Arbeit vor Ort" (wenigstens im Heimatbereich) völlig zu vernachlässigen. Es soll hier nicht verkannt werden, daß vor allem die stadtgeographischen Themen zuweilen noch mit eigenen Beobachtungen und Erhebungen durch die Schüler verbunden sind. Probleme des ländlichen Bereichs und auch die Themen der physischen Geographie werden dagegen weitaus seltener an den Orten des Geschehens bzw. an den natürlichen Standorten und Aufschlüssen erkundet. Hinzu kommt, daß für längere Unterrichtsvorhaben, für Erkundungswanderungen, Befragungen, Kartierungen, längerfristige Messungen mit den erforderlichen Auswertungen im planmäßigen Fachunterricht kaum noch Zeit zur Verfügung steht. Oder aber: das guten Mutes begonnene Projekt zieht sich so lange dahin, daß das Interesse der Schüler verständlicherweise erlahmt.

Hier nun gewinnen die pädagogischen Möglichkeiten an Bedeutung, die ein mehrtägiger, häufig gar zweiwöchiger Aufenthalt im Schullandheim für ein Fach bietet. Dabei sollte allerdings keinesfalls der „normale" Schulunterricht fortgesetzt werden. Vielmehr sollten die besonderen standörtlichen Bedingungen des Schullandheims und die hier glücklichere Erlebnis- und Lernsituation in einem «entlasteten Raum» genutzt werden. Das Unterrichtsfach Geographie bietet dabei eine Vielfalt von Möglichkeiten aus dem physischen und dem sozialgeographischen Problembereich, die eine schullandheimspezifische, projektorientierte Bearbeitung nahelegen.

Die im folgenden dargestellten Beispiele wurden bewußt aus verschiedenen Schullandheimstandorten der Bundesrepublik und aus unterschiedlichen Themenstellungen und Realisierungsmöglichkeiten zusammengestellt, soweit es die relativ kleine Zahl der am Modellversuchsprojekt beteiligten Lehrer und Schulen zuließ.

Geographische Feldarbeit mit Schülern der Primarstufe und der Sekundarstufe I

Ergebnisse von Modellversuchen zur Projektarbeit im Schullandheim Meinerzhagen/Sauerland.

H. KERSBERG, W. DEGE, H. VOIGT

Inhaltsübersicht

Seite

1 Einleitung: Die Entwicklung und Organisation der Modellversuche im Schullandheim Meinerzhagen

1.1 Der Standort des Schullandheims

Das Schullandheim Meinerzhagen liegt in der Mittelgebirgslandschaft des nördlichen Sauerlandes ca. 40 km südlich der Stadt Hagen an der Autobahn Sauerlandlinie (A 45 Dortmund—Frankfurt). Am Rande der Kleinstadt Meinerzhagen (ca. 18 000 Einwohner) befindet sich das Heim in einer Höhenlage von 460 m auf der Wasserscheide zwischen der nach Norden zur Ruhr entwässernden Volme und der nach Süden in die Sieg fließenden Agger; die Wupper entwässert das Gebiet nach Westen zum Rhein hin.

Das Heim (ca. 90 Betten) wurde 1960 erbaut, der Heimträger ist die Stadt Hagen. Es wird überwiegend von Klassen der Hagener Grund- und Hauptschulen sowie der Sonderschulen belegt. Die Aufenthaltsdauer beträgt in der Regel 1 Woche.

Das Heim liegt außerhalb der städtischen Bebauung inmitten von landwirtschaftlich genutzten Flächen. Geschlossene Waldareale reichen bis dicht an den Standort heran. Die Umgebung des Schullandheimes ist Teil des Naturparks Ebbegebirge. Der Standort bietet gute Voraussetzungen für geographische Feldarbeiten mit Schülern. Die bauliche Ausstattung des Heims ist dagegen für projektbezogene Schüleraktivitäten unzureichend: Es stehen nur 2 Tagesräume (zugleich Speiseräume) zur Verfügung, Gruppenarbeitsräume fehlen.

1.2 Ansätze zur Entwicklung schullandheimbezogener Arbeitsvorhaben

Bereits in den ersten Jahren der Belegung des neuen Heimes trugen Lehrer ihre gewonnenen Erfahrungen bei der Erkundung des Raumes und der Erprobung bestimmter — auch geographischer — Arbeitsvorhaben zusammen. Die schriftlich niedergelegten Berichte wurden vervielfältigt und von nachfolgenden Kollegen genutzt und ergänzt. Später übernahm ein Arbeitskreis [1]) die zentrale Sammlung und Verteilung der Berichte an alle Hagener Schulen. Dieser Arbeitskreis hatte seit 1972 enge Verbindung mit dem Geographischen Seminar der Pädagogischen Hochschule Ruhr Dortmund (ehem. Abt. Hagen). Das Interesse der Hochschule an der empirischen Unterrichtsforschung auch außerhalb des Lernortes Schule verband sich mit dem

[1]) Vgl. Anmerkungen S. 104/105

Interesse des Arbeitskreises an einer stärker systematisierten Fortführung der bereits vorhandenen Ansätze. Dazu boten die durch das Bundesministerium für Bildung und Wissenschaft geförderten Modellversuche seit 1974 einen geeigneten Rahmen und die notwendigen materiellen Voraussetzungen.

1.3 Organisatorische Rahmenbedingungen

Das Geographische Seminar der Pädagogischen Hochschule Ruhr bezog in enger Verbindung und in ständigem wechselseitigen Erfahrungsaustausch mit den beteiligten Lehrern die Erkundung und Entwicklung projektorientierter geographischer Arbeitsmöglichkeiten in Verbindung mit einem Schullandheimaufenthalt in ihr Lehrerausbildungsprogramm mit ein. So besteht seit 1974 ein geographischer „Arbeitskreis Schullandheim" von Dozenten und Studenten als fortlaufendes Forum zur Diskussion schullandheimspezifischer, fachdidaktischer Fragestellungen. Im Rahmen dieser Diskussionen wurden geeignete Projektthemen erarbeitet, ihre didaktischen und methodischen Konzeptionen festgelegt und entsprechende Arbeitsmittel [2]) entwickelt. Die Projektentwürfe einschließlich der Arbeitsmittel wurden noch während der Erarbeitungsphase durch Teilnehmer des Arbeitskreises erprobt und empirisch überprüft. Gleichzeitig wurden die Erfahrungen von Lehrern [3]) mit diesen Projektentwürfen auf gemeinsamen Arbeitssitzungen gesammelt und für die Fortentwicklung der Projekte ausgewertet. Durch diese wissenschaftliche Begleitung war eine ständige Rückkoppelung zwischen theoretischen Ansätzen und praktischer Erfahrung gewährleistet.

Die auf diese Weise entwickelten Projekte wurden im Rahmen von Lehrerfortbildungsveranstaltungen im Schullandheim Meinerzhagen einem größeren Kreis von Lehrern vorgestellt. Dabei wurde ein besonderer Akzent auf das Kennenlernen der Intentionen und auf das Kennenlernen der Arbeitsmittel gelegt. Darüber hinaus lud der „Arbeitskreis Schullandheim" der PH Ruhr diejenigen Lehrer zu vorbereitenden und auswertenden Gesprächen ein, die in dem jeweiligen Belegungsjahr eines der geographischen Projekte durchführten. Die Methoden und Ergebnisse wurden auch mit Teilnehmern von Studienseminaren der zweiten Lehrerausbildungsphase erörtert [4]).

Die wissenschaftliche Begleitung von schullandheimspezifischen Arbeitsvorhaben durch die Pädagogische Hochschule Ruhr eröffnete im Fach Geographie zudem die Möglichkeit, fachwissenschaftliche Grundlagenarbeit und fachdidaktische Einzelfragen im Rahmen von Staatsexamensarbeiten praxisorientiert zu bearbeiten. So erwies sich das Thema der geographischen Feldarbeit im Schullandheim als ein fruchtbares Arbeitsgebiet mit einem ausgeprägten Theorie-Praxis-Bezug.

Aus den vorliegenden Erfahrungen können im Hinblick auf die Erarbeitung von Projekten für mehrtägige Heimaufenthalte folgende Formen der Kooperation als wirksam und nützlich empfohlen werden:

- Bildung von lokalen pädagogischen und fachbezogenen *Arbeitskreisen* zur Diskussion der besonderen Aufgaben und Möglichkeiten der Aufenthalte in dem jeweiligen Schullandheim.
- *Kooperation* von Lehrern unter Beteiligung von Experten (Landwirtschaftsberater, Wasserwirtschaftler u. a.) mit dem Ziel der Erarbeitung von fachlichen Grundlagen und didaktischen und methodischen Konzeptionen für spezifische Arbeitsvorhaben. Dabei ist der ständige Austausch von Erfahrungen wichtig.
- Aufnahme von Kontakten zu den regionalen *Institutionen der Lehrerausbildung und -fortbildung* mit dem Ziel eines engen Theorie-Praxis-Bezuges und einer wissenschaftlichen Begleitung der Arbeitsvorhaben. Durch diese Kontakte sollten angehende Lehrer zugleich mit den spezifischen Arbeitsmöglichkeiten während eines Heimaufenthaltes vertraut gemacht werden.

2 Unterschiede von Standort und Lernsituation zwischen Schule und Schullandheim in ihrer Bedeutung für die Auswahl geographischer Arbeitsvorhaben

2.1 Standörtliche Unterschiede

Die Umgebung eines Schullandheimes steht im allgemeinen in einem spürbaren natur- und kulturlandschaftlichen Gegensatz zur häufig städtisch geprägten Umwelt der Kinder. So ist mit einem Schullandheimaufenthalt oft ein eindrucksvoller Wechsel der Erfahrungs- und Erlebnisräume verbunden.

Im vorliegenden Fall der Standorte Hagen (Schule) und Meinerzhagen (Schullandheim) ergeben sich etwa folgende Unterschiede:

- Das Stadtgebiet von Hagen erstreckt sich in einer Höhenlage von rund 100 bis 200 m NN in einer reich gegliederten Tal- und Terrassenlandschaft. Der Standort des Schullandheims befindet sich dagegen in einer Höhenlage zwischen rund 400 und 500 m NN in einer Mittelgebirgslandschaft. Diese Höhendifferenz bewirkt bereits erhebliche klimatische Unterschiede, die vor allem in den Übergangsjahreszeiten phänologisch sichtbar werden (zeitliche Unterschiede in Laubentfaltung, Blüte, Reife, Laubverfärbung etc.).

— Der Großstadtraum mit seinem Gemenge von Wohnsiedlungen, Industrie- und Verkehrsflächen ist in seiner Gesamtstruktur schwer überschaubar; die ländlichen bzw. kleinstädtisch geprägten Siedlungs- und Wirtschaftsstrukturen sind dagegen insbesondere für jüngere Schüler leichter erfaßbar. So eignet sich der ländliche Raum besser als der Großstadtraum für die Erarbeitung elementarer Einsichten in stadtgeographische Zusammenhänge.

— Der größtenteils naturfernen Landschaft im städtischen Raum steht die naturnahe, überwiegend bäuerlich genutzte Landschaft mit einem hohen Waldanteil gegenüber, die sich durch ihren besonderen Erholungswert auszeichnet. Ein solcher Raum eignet sich für die Erfassung von Formen und Entwicklungen der Landwirtschaft und der Inwertsetzung des ländlichen Raumes für die Erholung.

All diese Unterschiede werden zunächst mehr oder weniger unbewußt vom Schüler wahrgenommen. Die intensive Beschäftigung mit Einzelobjekten und -phänomenen regt jedoch zu einem Vergleich und damit zu einem Bewußtwerden von Unterschieden an; es werden elementare Einsichten möglich. Der Wechsel des Erlebnisraumes wirkt stark motivierend.

2.2 Unterschiede in der Lernsituation

Im Vergleich zur gewohnten Lernsituation in der Schule bietet der Schullandheimaufenthalt für geographische Unterrichtsprojekte eine Reihe entscheidender Vorteile:

— die unmittelbare Erfahrbarkeit der Objekte und Erscheinungen, d. h. die *„originale Begegung“* mit den Unterrichtsgegenständen;

— die *Lösung von einem festgefügten Stundenplan* mit der Möglichkeit der kontinuierlichen Arbeit (z. B. wetterkundliche Beobachtungen und Messungen) bei einem insgesamt größeren Zeitvolumen für ein Projekt;

- die *stärkere Motivation,* die von der direkten Anschauungsmöglichkeit und dem Reiz der andersartigen Umgebung ausgeht;
- die bessere Möglichkeit *selbständigen Arbeitens,* vor allem in Kleingruppen (z. B. Kartierung, Befragung etc.);
- die meist *bessere räumliche und instrumentelle Ausstattung;*
- die Betonung *sozialer Formen des Lernens* in der Projektarbeit.

Die genannten Vorteile sind daher ideale Voraussetzungen für ein projektorientiertes Arbeiten mit Schülern. Durch die Arbeit an den konkreten Objekten und Erscheinungen in ihrer komplexen „ganzheitlichen“ Struktur kann die oft wenig sinnvolle Aufsplitterung durch den Fachunterricht wenigstens ansatzweise überwunden werden. Dazu bietet sich verstärkend die mögliche Absprache und Zusammenarbeit der verschiedenen Fachlehrer während eines Heimaufenthaltes an.

2.3 Unterschiede in der instrumentellen Ausstattung

Im Gegensatz zur Schule kann sich das Schullandheim in seiner instrumentellen Ausstattung stärker auf die spezifischen Erfordernisse der am Standort möglichen geographischen Feldarbeiten einrichten. Dabei handelt es sich um Meßinstrumente (z. B. für die Wetterkunde), Arbeitsgeräte (z. B. Geologenhämmer, Kompasse), Karten, Vergleichssammlungen und sach- oder ortsbezogene Literatur. Die Nutzungsintensität eines solchen Instrumentariums rechtfertigt auch die Anschaffung spezieller und entsprechend teurer Geräte (z. B. Thermohygrograph, Geologenhämmer oder Karten in Klassensätzen etc.).

3 Geographische Arbeitsthemen für Aufenthalte im Schullandheim Meinerzhagen und ihre standörtliche und fachdidaktische Begründung

Der Schullandheimstandort Meinerzhagen bietet im ländlich strukturierten Raum des Mittelgebirges am Rande eines Nationalparks eine Vielzahl von Arbeitsthemen im natur- und kulturgeographischen Bereich. Aus diesem vom Standort her begründeten Angebot wird eine Auswahl (12 Themen) kurz erläutert. Einige von ihnen (3 Themen) werden noch detailliert mit allen dazugehörigen Arbeitsmitteln vorgestellt. Sie wurden im Rahmen des Modellversuchsprogramms ausführlich bearbeitet und in einer Vielzahl von Klassen erprobt.

3.1 Ausgewählte Projektthemen

3.1.1 Der Strukturwandel in der Landwirtschaft am Beispiel der Mittelgebirge

In der unmittelbaren Umgebung des Schullandheimes Meinerzhagen sind noch die wesentlichen Entwicklungsstufen landwirtschaftlicher Betriebsformen erkennbar: Vollerwerbs-, Zuerwerbs- und Nebenerwerbsbetriebe, traditionelle Gemischtbetriebe und spezialisierte Grünlandbetriebe, vollmechanisierte und wenig mechanisierte Betriebe (mit einem Pferd als einziger Zugkraft). Dabei ist die Tendenz einer zunehmenden Mechanisierung und stärkeren Spezialisierung bis hin zum reinen Grünlandbetrieb gut erkennbar. Alle diese Erscheinungen einschließlich der damit verbundenen Veränderungen in den ländlichen Siedlungen können von Schülern durch Beobachtung, Kartierung und Interview erfaßt und dargestellt werden.

Abb. 1: Traditionelle Landwirtschaft in der unmittelbaren Umgebung des Schullandheims Meinerzhagen (Hintergrund), 1977

Dieser kleine Ausschnitt einer Mittelgebirgslandschaft ist damit ein repräsentatives Beispiel für Entwicklungstendenzen westeuropäischer Agrarlandschaften. Die intensive Beschäftigung mit ausgewählten Objekten und Problemen der Landwirtschaft dieses Raumes führt damit zu elementaren, übertragbaren Einsichten in agrarwirtschaftliche Zusammenhänge und zum Verständnis für agrarpolitische Maßnahmen.

3.1.2 Elementare wetterkundliche und geländeklimatische Beobachtungen und Messungen

Wetterkundliche Beobachtungen und Messungen, die dem Verständnis der Wirksamkeit und der Darstellungsmöglichkeiten des Klimas (Karten, Diagramme, Tabellen) dienen, sowie geländeklimatische Beobachtungen im Hinblick auf das Verständnis ökologischer Zusammenhänge lassen sich grundsätzlich von jedem Schulstandort aus durchführen. Das Schullandheim jedoch bietet günstigere Voraussetzungen in zweifacher Hinsicht: zum einen ist ein kontinuierliches Beobachten und Messen möglich, zum anderen kann ein Schullandheim mit einem umfangreichen und der Schülerzahl entsprechenden Meßinstrumentarium ausgestattet werden. (Im Falle des Schullandheims Meinerzhagen konnten die Meßinstrumente aus Mitteln des Modellversuchsprogramms angeschafft werden; vgl. die Aufstellung in Kap. 5.6).

3.1.3 Gesteine und Fossilien als Zeugnisse der Erdgeschichte

Schüler, insbesondere die der 3. bis 6. Jahrgangsstufe, haben im allgemeinen ein lebhaftes Interesse an den unterschiedlichen Gesteinsarten, die sie in der täglichen Umgebung oder während der Ferienaufenthalte sammeln. Insbesondere Fossilien, die Hinweise auf die Entstehungsgeschichte des Gesteins geben, regen sie an, über Herkunft und Entstehungsbedingungen zu spekulieren. Der normale Unterricht läßt im allgemeinen wenig Raum, auf die entstehenden Fragen näher einzugehen und etwa die Fundorte bestimmter Gesteine und Fossilien auf einer Schülerexkursion aufzusuchen. Im Schullandheim dagegen bietet sich genügend Zeit, zumindest mit interessierten Gruppen geeignete Aufschlüsse zu begehen, dort Handstücke zu sammeln und mit Hilfe von Abbildungen oder Vergleichssammlungen zu bestimmen.

In der Umgebung des Schullandheims Meinerzhagen gibt es zahlreiche Aufschlüsse von sandigen und tonigen Schiefern des Devon, die stellenweise fossilreich sind. Im Rahmen des Projektes wurden u. a. ein geologischer Lehrpfad entworfen und eine Vergleichssammlung für die Fossilbestimmung angelegt.

3.1.4 Natürliche Reliefstrukturen und ihre Entstehung

Zumindest die Schullandheim-Standorte im Bergland haben in ihrer Umgebung eine Vielfalt kleiner Reliefstrukturen (Hanglagen, Riedel, Quellmulden, Erosionsformen etc.), die eindeutige Hinweise auf die Formengenese geben und die Übertragbarkeit der gewonnenen Einsichten auf die Entstehung des Großreliefs nahelegen. Im Bereich des Schullandheims Meinerzhagen sind es vor allem die Quellmulden und tiefeingeschnittenen Kerbtäler sowie die Reste alter Hochflächen, die zu einer Diskussion des Formenschatzes im Rheinischen Schiefergebirge anregen. Solche Reliefstrukturen sind am Schulstandort durch die künstlichen Überformungen und durch die Bebauung nicht oder nur schwer erkennbar. Reliefstrukturen und ihr Einfluß auf die Nutzungsmöglichkeiten eines Raumes durch den Menschen haben in vielen Themen des Geographieunterrichts eine entscheidende Bedeutung. Möglichkeiten des Kennenlernens „vor Ort", wie sie der Schullandheimaufenthalt bietet, sollten daher wahrgenommen werden.

3.1.5 Meilerplätze als Zeugnisse früher Formen der Waldnutzung

Die waldreiche Umgebung des Schullandheims Meinerzhagen wirft neben zahlreichen biologischen Fragestellungen auch die Frage nach den Nutzungsmöglichkeiten des Waldes früher und heute auf. Zeugnisse einer jahrhundertealten Form der Waldnutzung, die heute im allgemeinen nicht mehr existiert, sind die zahlreichen alten Meilerplätze. Man findet die ebenen, kreisrunden Flächen („Hexentanzplätze") an den Hanglagen inmitten geschlossener Waldareale abseits der Wege. Schon die oberflächliche Überprüfung des Bodens solcher Stellen fördert Holzkohlenreste zutage und gibt damit Anlaß zu Spekulationen über die Entstehung solcher Brandstellen. Die unterrichtliche Auswertung und Ergänzung durch bildhafte Darstellung bzw. Besichtigung intakter Meiler liefert Hinweise auf das Ausmaß der waldgewerblichen Nutzung und ihre Bedeutung für die frühindustrielle Entwicklung (Eisenverhüttung und -verarbeitung) in diesem Raum.

3.1.6 Alte Handelswege als Zeugnisse historisch-geographischer Beziehungen

Hohlwege in der Umgebung des Schullandheims Meinerzhagen, die streckenweise noch Reste alter Wagenspuren aufweisen (Rinnen in Radabständen, an einigen Stellen im anstehenden Gestein „konserviert"), werfen das Thema der frühen Handelswege und alten Verkehrsmittel auf. Besonders die Einordnung der Fundstellen in historische Karten, wie sie etwa für das 17. und 18. Jahrhundert in vielen Archiven einsehbar und als Kopien erhältlich sind, erlaubt eine sehr lebendige Auswertung in bezug auf alte Verkehrswege und dahinter stehende Raumbeziehungen. Weiterführende Auswertungsmöglichkeiten bestehen etwa im Vergleich des Verlaufs alter und neuer Verkehrstrassen mit ihrer jeweiligen Abhängigkeit vom Relief, in der Interpretation alter Flurbezeichnungen und der Auswertung historischer Reisebeschreibungen.

3.1.7 Verkehrswege als Leitlinien für Gewerbe- und Industriestandorte

In Verbindung mit dem vorgenannten Thema liefert die Frage nach dem Zusammenhang zwischen Verkehrswegen (Schiene, Straße) und der gewerblich-industriellen Entwicklung des Raumes einen weiterführenden aktuellen geographischen Gesichtspunkt. So weisen die Gewerbe-, und Industrieansiedlungen in Meinerzhagen eine sehr augenfällige Verkehrsorientierung auf. Dabei sind deutliche zeitliche Entwicklungsphasen festzustellen: Ältere Betriebe orientieren sich an dem Verlauf der alten Landstraßen und des früheren Schienenweges, das neue Gewerbegebiet liegt in unmittelbarer Nähe der Autobahnauffahrt.

Für die Standortentscheidung bei der Ausweisung neuer Gewerbegebiete ist der Gesichtspunkt der Bündelung lärmerfüllter Zonen ein wichtiger Aspekt. Daraus ergibt sich ein weiterführendes Projektthema im Bereich des Umweltschutzes.

3.1.8 Die Bedeutung von Meinerzhagen als zentraler Ort und die funktionale Gliederung des Stadtkerns

Bedingt durch die historische Entwicklung weist die Kleinstadt Meinerzhagen in ihrem Stadtkern eine ausgeprägte Gliederung auf. Der alte Ortskern wird gebildet durch den Bereich um die Kirche, deren Kirchhöfnerring in der vorindustriellen Zeit die Einrichtungen zur Versorgung der ländlichen Bevölkerung des Raumes Meinerzhagen beherbergte. Heute ist dieser Bereich überwiegend Wohnviertel. Das heutige Geschäftsviertel dagegen hat sich im Zuge der Industrialisierung an den Durchgangsstraßen entwickelt.

Meinerzhagen stellt ein Unterzentrum im Grenzbereich der Mittelzentren Lüdenscheid und Gummersbach dar. Der zentralörtliche Bereich der Stadt geht kaum über die Gemarkung hinaus. Diese umfaßt allerdings seit der kommunalen Neugliederung des Raumes zahlreiche ländliche Siedlungen.

Die Behandlung dieser stadtgeographischen Themen während eines Schullandheimaufenthaltes läßt sich in zweifacher Hinsicht begründen:

Zum einen weisen Kleinstädte eine insbesondere für jüngere Schüler überschaubare Struktur auf, die grundlegende Einsichten in Entstehung und Funktion von Städten erleichtert, zum anderen ermöglicht die Durchführung eines solchen Projektes während eines Schullandheimaufenthaltes einen Vergleich mit den gewohnten Verhältnissen in der Stadt des Schulstandortes. Damit sind Einsichten verbunden in Zusammenhänge zwischen Stadtgröße, Innenstadtstrukturen und Einzugsbereiche einer Stadt.

3.1.9 Raumwirksame Aspekte des Fremdenverkehrs in Meinerzhagen

Meinerzhagen ist über die Autobahn in etwa 1/2 bis 1 Stunde vom Ballungsraum Ruhrgebiet zu erreichen. Durch seine ländliche Umgebung und seine Lage am Rande des waldreichen Naturparks Ebbegebirge besitzt dieser Raum für die Großstadtbevölkerung ein bedeutendes Erholungspotential. Hinzu kommt, daß die Höhenlage des Ortes mit seinen besonderen klimatischen Verhältnissen zugleich gute Wintersportmöglichkeiten bietet. Die Stadt hat zur Erhöhung ihrer Attraktivität als Erholungsort eine Reihe von Einrichtungen für den Fremdenverkehr im Sommer und Winter geschaffen: Rundwanderwege mit Autoparkplätzen, Trimm-Dich-Pfade, Grillplätze, Freibad, Skilifte, Ruhebänke. Solche Einrichtungen sind für die Schüler leicht erkennbar und kartierbar. Sie bieten damit Ansatzpunkte zur Erfassung der Bedeutung und Raumwirksamkeit des Erholungsverkehrs für einen Raum.

3.1.10 Die Bedeutung von Talsperren in einer Mittelgebirgslandschaft

Das nördliche Sauerland hat durch seine relativ hohen Niederschläge (1200—1300 mm), sein ausgeprägtes Talsystem und seine nahe Lage zum Ballungsraum des Rhein-Ruhr-Gebietes eine besondere Bedeutung für die Wasserwirtschaft. Ein sichtbarer Ausdruck dafür sind die zahlreichen Talsperren, die als Wasserspeicher zugleich den Oberflächenabfluß und damit die Wasserhaltung der Flüsse regulieren. Einige dieser Talsperren liegen in der Nähe des Schullandheims. Die Genkel-Talsperre im Oberlauf der Agger ist durch eine kurze Fußwanderung zu erreichen.

Der Besuch einer solchen Talsperre steht thematisch im Zusammenhang mit den Fragen nach dem Standort (Reliefbedingung, Lage im Gewässernetz, Versorgungsraum), den technischen Gegebenheiten (Sperrmauer, Filteranlagen) und den Nutzungsmöglichkeiten (Wasserversorgung, Energiegewinnung, Erholungsverkehr, Sportmöglichkeiten).

Unter dem Aspekt des fächerübergreifenden Unterrichts bietet der See vielfältige Möglichkeiten der Beobachtung und Messung in einem stehenden Gewässer.

3.1.11 Erlebnisbetonter Umgang mit topographischen Karten

Alle Darstellungsformen der natürlichen Landschaft in Skizzen und Karten bereiten durch ihre notwendige Abstraktion und Generalisierung Schülern und auch vielen Erwachsenen erhebliche Verständnisschwierigkeiten. Sie können wohl am besten abgebaut werden durch den häufigen und unmittelbaren Vergleich von Wirklichkeit und kartographischer Darstellung. Dazu gehört auch der Versuch, topographische und thematische Elemente der erlebten Landschaft selbst darzustellen (Geländeskizzen, Kartierung, Einordnung von Photos in Karte oder Skizze). Der Schullandheimaufenthalt bietet eine Fülle von Möglichkeiten, Karten und Skizzen im Spiel und im Unterrichtsprojekt mit einzubeziehen. Im Rahmen geographischer Unterrichtsprojekte sind es vor allem Orientierungsübungen mit Plan und Karte, Erkennen von Reliefstrukturen und Oberflächenbedeckung in ihrer unterschiedlichen Darstellung auf Karten, Übertragung von Phänomenen auf Kartenunterlagen (Kartierung, Erstellung von thematischen Karten).

Unter dem Aspekt eines erlebnisbetonten Unterrichts können diese Vorhaben verbunden sein mit spielerischen Formen des Lernens (Geländespiel, Orientierungslauf nach Skizzen oder Bildern). Die zuweilen im Schulunterricht nicht hinreichend mögliche Verknüpfung von praktischer Übung mit der theoretischen Einführung ins Kartenverständnis kann hier durch intensiven Umgang mit topographischen Karten und Skizzen im Gelände erprobt und vertieft werden.

3.1.12 Geographische Landschaftsbetrachtung und Umwelterziehung

Probleme der gefährdeten Umwelt des Menschen gehören heute zu den wichtigsten Themen eines lebensnahen Unterrichts. Die Vielfalt der damit verbundenen Fragestellungen erfordert in den meisten Fällen eine fächerübergreifende Bearbeitung, wobei neben der Geographie vor allem die Fächer Biologie, Physik, Chemie, Wirtschaftslehre, Sozialkunde und Hauswirtschaft beteiligt sind. Fachspezifische Aspekte werden in Lehrplänen und entsprechenden Themen der Schulbücher dieser Fächer erkennbar. Ein großer Mangel bei allen „Schulbuchthemen" zur Umweltproblematik besteht darin, daß häufig weder ein Bezug zur unmittelbar erfahrbaren Umgebung der Schüler noch zur aktuellen Situation besteht. Eine wirksame Umwelterziehung wird stets auf das erkennbare Problem und den erlebten Umweltbereich ausgerichtet sein müssen.

Schullandheimaufenthalte bieten im Gegensatz zum Unterricht in der Klasse besser und häufiger Gelegenheit, aus der unmittelbar erfahrbaren Umwelt heraus das Problem ihrer Gefährdung zu entwickeln. Der Grad der Betroffenheit der Schüler wächst damit in entscheidendem Maße an.

Beispiele für (übertragbare) Themen bzw. Betrachtungsweisen am Standort des Schullandheims Meinerzhagen sind etwa:

- die Bewertung der Landschaft nach dem Grad ihrer „Natürlichkeit“
- die Belastung der Landschaft durch den Menschen (Verkehrswegebau, Zersiedlung, Gewässerschutz, Einsatz von Kunstdünger etc.)
- die Bedeutung des Landschaftsschutzes für die Erhaltung einer naturnahen Umwelt für den Menschen

Die Bearbeitung und Diskussion dieser Themen veranlassen den Schüler zu neuen Betrachtungsweisen seiner Umwelt sowie der Art und des Grades ihrer Gefährdung.

3.2 Die curriculare Einbindung geographischer Arbeitsthemen für Schullandheimaufenthalte in den Schulunterricht

Die Erkundung der möglichen Arbeitsthemen vom Standort eines Schullandheimes aus und ihre Auswahl im Hinblick auf die Altersstufe und Interessenlage der Schüler sowie auf die curricularen Planungen erfordert vom Lehrer eine rechtzeitige Orientierung in diesem Raum.

Die Ergebnisse dieser „Voruntersuchungen“ werden über den didaktischen Ort eines Projektthemas entscheiden. Dabei bieten sich verschiedene Möglichkeiten der Projektplanung an:

- Vorbereitung des Projektes in einer Unterrichtsphase unmittelbar vor dem Schullandheimaufenthalt und Auswertung der Arbeitsergebnisse im anschließenden Unterricht in der Schule.
- Die Arbeit im Schullandheim ist Einstieg in einen Themenbereich, der im anschließenden Schulunterricht weiter verfolgt wird.
- Die Einstiegs-, Erarbeitungs- und Auswertungsphasen des Projektes liegen geschlossen im Schullandheimaufenthalt (überwiegend bei längeren Aufenthalten).

Die zuerst aufgezeigte Möglichkeit der Planung beinhaltet also die unmittelbare *Einbindung* der empirischen Phase im Schullandheim in ein Vorhaben, das im Schulunterricht begonnen und ausgewertet wird.

Bei den hier vorgestellten Projekten lag methodisch der erstgenannte Weg eines Dreierschrittes zugrunde. Vor allem bei dem Thema Landwirtschaft hat sich dieser Weg unter den alternativen Möglichkeiten als günstig erwiesen. Dadurch werden zugleich Arbeitsphasen mit einem notwendigerweise stärker schulischen Charakter aus dem Schullandheimaufenthalt herausgehalten. Dagegen kann bei dem gesteinskundlichen Projekt die Einstiegsphase wegen der starken Motivation durch die originale Begegnung zu Beginn des Schullandheimaufenthaltes liegen. Die wetterkundlichen Beobachtungen und Messungen schließlich können in allen drei methodischen Formen durchgeführt werden. Insbesondere wird bei einem längeren, etwa zweiwöchigen Aufenthalt, eine in sich geschlossene Bearbeitung des Projektes als Kurs möglich sein. Curriculare Einbindung kann im Hinblick auf jahrgangsübergreifende Planung bedeuten, daß ein Projektthema im Sinne des Spiralcurriculums auf den verschiedenen Jahrgangsstufen in unterschiedlicher Komplexität und unter unterschiedlichen Aspekten bearbeitet wird.

4 Projekt: Der Strukturwandel in der Landwirtschaft am Beispiel der Mittelgebirge

4.1 Begründung des Themas

Die hier vorgenommene Auswahl des Themas „Strukturwandel der Landwirtschaft im Mittelgebirge“ soll im folgenden unter drei Aspekten begründet werden.

4.1.1 Fachdidaktische Begründung

Die Umstrukturierung von traditionellen Gemischtbetrieben zu spezialisierten Grünlandbetrieben ist keine Einzelerscheinung im nördlichen Sauerland. Sie ist typisch für die Entwicklung der Landwirtschaft im deutschen Mittelgebirgsraum. An ihr zeigen sich beispielhaft Anpassungsprozesse in Industriestaaten, die durch einen gesellschaftlichen, wirtschaftlichen und technologischen Wandel hervorgerufen wurden [5]).

Das durch eine Schülerbefragung [6]) ermittelte Ergebnis, daß ca. 30 % der befragten Schüler bereits ihre Ferien auf einem Bauernhof verbracht haben, weist auf die Bedeutung hin, die die Beschäftigung mit dem Thema Landwirtschaft auch für die außerschulische Situation der Schüler hat:

— Durch die „Ferien auf dem Bauernhof" tritt bei einer relativ hohen Anzahl von Stadtkindern der Bauernhof in ihre unmittelbare Erlebniswelt.

— Die Beschäftigung mit Themen der Landwirtschaft im Rahmen eines Projektes kann Schüler dazu anregen, sich auch außerschulisch (z. B. während der Ferien auf dem Bauernhof) mit Fragen der Landwirtschaft zu befassen.

— Die Feststellung, daß viele landwirtschaftliche Betriebe, die „Ferien auf dem Bauernhof" anbieten, ihre Betriebsstruktur auf die tatsächlichen oder vermeintlichen Wünsche ihrer städtischen Gäste einrichten (Pferdehaltung, Haltung von Kleinvieh, Eigenproduktion von Lebensmitteln), verlangt nach einem Korrektiv. Andernfalls entstünden bei den Schülern falsche Vorstellungen von den realen landwirtschaftlichen Betriebsstrukturen.

Eine Beschäftigung mit dem Thema Landwirtschaft hat auch einen unmittelbaren und wichtigen Bezug zur zukünftigen Lebenssituation des Schülers. Durch das Aufzeigen der Umstellungsprobleme landwirtschaftlicher Betriebe wird ein kritisches Verständnis für Maßnahmen der Agrarpolitik geweckt.

Im Lehrplan für die Hauptschule in NW (6. Schuljahr) wird das Thema „Viehwirtschaft im Mittelgebirge" ausdrücklich berücksichtigt. Auch im 4. Schuljahr ist eine Einbindung des Themas in das durch den Lehrplan vorgegebene Curriculum im Rahmen der Behandlung des südwestfälischen Berglandes möglich, obgleich in diesem regionalen Zusammenhang die Beschäftigung mit Themen der Landwirtschaft nicht besonders genannt wird. Es bietet sich also an, das Schullandheimprojekt „Strukturwandel der Landwirtschaft im Mittelgebirge" unmittelbar in den schulischen Unterricht mit einzubeziehen.

4.1.2 Standörtliche Begründung

Eine Bearbeitung des Themenbereichs Landwirtschaft unter Einbeziehung der pädagogisch fruchtbaren „originalen Begegnung" ist prinzipiell auch von Stadtschulen aus durch Unterrichtsgänge möglich. Doch ergeben sich hier neben der meist zeitlichen Beschränkung auch sachliche Probleme: Die durch Unterrichtsgänge erreichbaren landwirtschaftlichen Betriebe weisen in der Regel durch den Einfluß der Großstadt (Marktorientierung, Kapitalausstattung) andere Betriebsstrukturen auf als Betriebe in ähnlichen, aber großstadtfernen ländlichen Räumen. Die Unterschiede zwischen dem großstadtnahen und dem ländlichen Raum zeigen sich nicht nur in den Betriebsstrukturen, sondern auch im unterschiedlichen Strukturwandel agrarischer bzw. ursprünglich agrarischer Siedlungen. Während die Wandlungstendenzen der agrarischen Siedlungen im ländlichen Raum noch in erheblichem Maß durch die agrarwirtschaftlichen Anpassungsprozesse bestimmt werden, stehen die Strukturwandlungen in den ehemals agrarischen Siedlungen im großstadtnahen Raum in erster Linie unter dem Einfluß einer Bevölkerungswanderung in die stadtrandnahen Gebiete.

Die hier skizzierten Unterschiede treffen auch für die Räume Hagen und Meinerzhagen zu. Daher eignet sich der Schullandheimstandort Meinerzhagen weitaus besser zur Beobachtung des Strukturwandels der Landwirtschaft im Mittelgebirge als der Schulstandort in der Großstadt. Im Raum Meinerzhagen ist der Strukturwandel sowohl am Beispiel einzelner landwirtschaftlicher Betriebe wie auch an den Veränderungen in der Agrarlandschaft festzustellen.

4.1.3 Pädagogische Aspekte

Unter den pädagogischen Überlegungen, die in Kap. 2.2 dargestellt wurden, soll im Zusammenhang mit dem hier vorgestellten Thema auf die folgenden Kategorien besonders hingewiesen werden:

— Erhöhung der Motivation und der Anschaulichkeit

— soziale Integration.

Zum Aspekt der Motivation und der Anschaulichkeit:

Bei der Bearbeitung von Themen der Landwirtschaft im Rahmen von Schullandheimprojekten kann mit einer ursprünglichen Aufgeschlossenheit der Schüler gerechnet werden:

— Schüler der mittleren Jahrgangsstufen (etwa 4—6) zeigen ein starkes Interesse an Tieren. Dies wurde durch Befragungen und durch das Verhalten der Schüler bei der Durchführung des Projektes bestätigt.

— Die Möglichkeit des selbständigen Tuns, wie sie durch die Projektarbeit gegeben ist (Beobachten, Kartieren, Befragen), erhöht die Motivation in einem starken Maße. Dies zeigte sich bei der Beobachtung der Schüler während ihrer Geländearbeiten und wurde auch durch die Aussagen der beteiligten Lehrer bestätigt.

— Die originale Begegnung und die bei diesem Thema damit verbundene größere Anschaulichkeit wecken das Interesse der Schüler in einem besonderen Maße und sind daher stark motivierend.

— Die originale Begegnung dürfte aufgrund der größeren Anschaulichkeit zu höheren Lernerfolgen führen als es durch den bloßen Einsatz von Medien erwartet werden kann. Die These wird hier durch die Befragung der am Projekt beteiligten Lehrer gestützt.

Zum Aspekt der sozialen Integration

Dem Aspekt der sozialen Integration wird, wie eine Befragung von Lehrern deutlich zeigt [7]), ein erheblicher Stellenwert in der Schullandheimarbeit zugemessen. Sie wird aber nicht nur durch das Zusammenleben und durch die gemeinsame Freizeitgestaltung gefördert, sondern sie kann in einem wesentlichen Maße auch durch die gemeinsamen Arbeitsvorhaben verstärkt werden. Im Rahmen des Projektes „Landwirtschaft" bietet sich dazu insbesondere die arbeitsteilige Gruppenarbeit bei Kartierungen und Befragungen an, bei der durch gegenseitige Information der Gruppen untereinander die Kooperationsbereitschaft der Schüler erlernt und gefördert wird. Insgesamt zeigt sich, daß durch die gemeinsame Planung und Arbeit an einem Projekt das soziale Klima sowohl der Schüler untereinander wie auch zwischen Lehrern und Schülern nachhaltig verbessert werden kann.

4.2 Beschreibung des Projektaufbaus und der entwickelten Arbeitsmittel

Die Konzeption des Projektaufbaus geht davon aus, daß die Behandlung des Themas „Strukturwandel der Landwirtschaft im Mittelgebirge" in einem engen Bezug zum schulischen Unterricht stehen sollte.

Deshalb gliedert sich das Projekt in drei unterschiedliche Phasen:

— die Vorbereitungsphase in der Schule,
— die Durchführungsphase im Schullandheim,
— und die Auswertungsphase in der Schule.

Die Konzeption sollte dem zur Durchführungsphase gehörenden Projektanteil eine so große Eigenständigkeit geben, daß die Durchführung des Vorhabens im Rahmen eines ‚Minimalprogramms' auch ohne direkte Einbindung in die schulische Arbeit möglich sein kann. Damit wird der Tatsache Rechnung getragen, daß in einigen Fällen der Fachlehrer (Sachkundelehrer oder Geographielehrer) nicht am Schullandheimaufenthalt seiner Klasse teilnehmen kann und so organisatorisch eine direkte Verbindung von schulischer Arbeit mit der Arbeit im Schullandheim nicht möglich ist. Außerdem kann es insbesondere bei 14-tägigen Aufenthalten geraten sein, alle Projektphasen in die Zeit des Schullandheimaufenthaltes zu legen.

4.2.1 Zur Vorbereitungsphase

Das didaktische Ziel der Vorbereitungsphase, die in der Woche oder zwei Wochen vor dem Schullandheimaufenthalt beginnen sollte, besteht darin, die Schüler in den Themenbereich „Landwirtschaft" einzuführen und in ihnen eine *Erwartungshaltung* zu wecken. Der vorbereitende Unterricht sollte daher so strukturiert werden, daß er ausschließlich zur Problematisierung des Themenbereichs beiträgt. Die Problemlösung wird dagegen ausdrücklich auf die Durchführungsphase im Schullandheim verlagert. (Hinweis „Wenn wir in der nächsten Woche im Schullandheim sind, können wir diese Frage an Ort und Stelle prüfen").

Auf eine detaillierte Unterrichtsplanung der Vorbereitungsphase wird hier bewußt verzichtet. Die Möglichkeit der Anbindung des Projektes „Strukturwandel der Landwirtschaft im Mittelgebirge" an das schulische Curriculum ist im einzelnen so vielfältig, daß eine einheitliche Unterrichtsplanung nicht sinnvoll erscheint. Dies entsprach auch den Auffassungen der am Modellversuch beteiligten Lehrer.

Mit der Vorbereitungsphase soll zugleich das Ziel verfolgt werden, dem Lehrer Informationen über den Wissensstand seiner Schüler zu vermitteln. Zu diesem Zweck wurde ein Schüler-Fragebogen entwickelt (s. Anlage). Er umfaßt drei Komplexe:

a) Fragen zur Herkunft der Informationen zum Thema Landwirtschaft:
persönliche Kontakte und sekundäre Quellen.

b) Fragen zum Umfang des Wissens zum Thema Landwirtschaft:
Viehbestand, Maschinenpark, Arbeitskräfte. Anhand von elf Zuordnungsfragen wird geprüft, inwieweit den Schülern die

Unterschiede zwischen der traditionellen und der modernen Landwirtschaft bekannt sind.

c) Fragen zu den Einstellungen der Schüler zur Landwirtschaft: Anhand von acht stereotypen Aussagen kann festgestellt werden, welche Vorstellungen die Schüler über die Landwirtschaft und das Leben auf dem Lande besitzen.

Der Fragebogen ist so konzipiert, daß er vom Lehrer noch vor Beginn der Durchführungsphase relativ schnell ausgewertet werden kann. Das dabei ermittelte Bild von den Kenntnissen und Einstellungen der Schüler zum Thema Landwirtschaft liefert dem Lehrer Anhaltspunkte dafür, in welchen Bereichen des Projektes er Schwerpunkte setzen kann, um Kenntnislücken zu schließen oder unzutreffende Vorstellungen zu korrigieren. Der *Katalog der Lernziele* zum Thema „Landwirtschaft" (s. Anlage 5) ist eine umfassende Zusammenstellung erreichbarer Qualifikationen ohne Differenzierung nach Schulstufen. Entsprechend den örtlichen Gegebenheiten des Schullandheimstandortes, der jeweiligen Altersstufe sowie der spezifischen Kenntnisse der Schüler müssen die einzelnen Lernziele ausgewählt werden. Der Lernzielkatalog ist also eine Orientierungshilfe für den Lehrer zu Schwerpunktsetzungen bei der Vorbereitung, Durchführung und Auswertung der Projektarbeit.

4.2.2 Zur Durchführungsphase

4.2.2.1 Vorüberlegungen und Konzeptionen

Die Konzeption der Durchführungsphase und die in ihr benutzten Arbeitsmittel stellen einen Kompromiß dar zwischen den Möglichkeiten, die die jeweiligen örtlichen Gegebenheiten bieten, und bestimmten didaktischen Leitvorstellungen. Die örtlichen Gegebenheiten üben in mehrfacher Hinsicht einen restriktiven Einfluß auf die Konzeption des Projektes aus:

a) Geeignete Anschauungsobjekte, d. h. landwirtschaftliche Betriebe oder ländliche Siedlungen, an denen Merkmale des Strukturwandels exemplarisch aufzuzeigen sind, müssen in einer guten Erreichbarkeit liegen. Gute Erreichbarkeit bedeutet in diesem Zusammenhang, daß sie von den Schülern der jeweiligen Altersstufe zu Fuß erreicht werden können und daß sie mit einem Zeitaufwand zu erreichen sind, in dem Befragungen, Kartierungen, Besichtigungen etc. auch innerhalb eines Halbtages möglich sind (Mittagessenszeiten!).

b) Die Inhaber der landwirtschaftlichen Betriebe müssen kooperationsbereit sein. Dies schließt ein, daß sie sich für Betriebsbesichtigungen und Befragungen durch Schüler zur Verfügung stellen.

Eine geeignete Konzeption geht von dem Gedanken aus, das Thema „Strukturwandel in der Landwirtschaft" durch eine vergleichende Betrachtung zweier unterschiedlich strukturierter landwirtschaftlicher Betriebe zu erschließen: einem noch weitgehend traditionell wirtschaftenden Gemischtbetrieb und einem spezialisierten Grünlandbetrieb.

Im Rahmen des Modellversuchs wurde ein entsprechendes Arbeitsblatt entworfen, in das die Schüler, getrennt für jeden der beiden besichtigten Betriebe, die Ergebnisse ihrer Beobachtungen, Zählungen und Befragung des Bauern zu folgenden *Sachbereichen* eintragen:

- Gebäude (Anzahl/Nutzung/Alter),
- Maschinen (Art und Anzahl),
- Tiere (Art und Anzahl),
- Landnutzung (Größe und Nutzung der Betriebsflächen),
- Anzahl der Arbeitskräfte (hauptberuflich/nebenberuflich).

Methodisch wurden zugleich verschiedene *Arbeitsformen* erprobt:

- Besichtigung beider Höfe durch alle Schüler,
- Aufteilung der Klasse in zwei Gruppen, die jeweils nur einen Hof besichtigen und sich anschließend gegenseitig informieren,
- Aufteilung der Klasse in mehrere Gruppen nach den o. g. Sachbereichen und anschließende gegenseitige Information.

Diese Konzeption des Projektes mußte im Rahmen des Modellversuches aufgegeben werden, da sich herausstellte, daß die Unterschiede zwischen den ausgewählten Betrieben und der dahinterstehende Strukturwandel auf betrieblicher Ebene von Schülern der Jahrgangsstufen 4—6 nicht klar erkannt wurden. Die beiden Betriebe entsprachen nicht den Vorstellungen der Schüler von einem „alten" bzw. einem „modernen" Bauernhof. Das lag zum einen daran, daß beide Betriebe einen alten Gebäudebestand haben, zum anderen, daß auch der noch weitgehend traditionell bewirtschaftete Gemischtbetrieb einen Schwerpunkt in der Viehwirtschaft hat.

Aus diesen Schwierigkeiten kann im Hinblick auf eine Übertragung des Projektthemas auf andere Schullandheimstandorte festgestellt werden, daß der zunächst gewählte Ansatz, der vom Vergleich zweier Betriebe ausgeht, nur dann sinnvoll ist, wenn Betriebe zur Verfügung stehen, die in jeder Beziehung als Typen eines traditionellen Gemischtbetriebes bzw. eines modernen Grünlandbetriebes (möglichst neuer Aussiedlerhof) angesehen, werden können.

Die andere Konzeption des Projektes geht von zwei Grundüberlegungen aus:

a) Das Thema „Strukturwandel der Landwirtschaft im Mittelgebirge" soll in einen größeren thematischen Rahmen eingeordnet werden. Es geht nicht mehr allein darum, den Strukturwandel auf der betrieblichen Ebene aufzuzeigen, sondern es sollen darüber hinaus die Auswirkungen agrarwirtschaftlicher Anpassungsprozesse auf das Bild und die Funktion einer ländlichen Siedlung (Ort und Flur) verdeutlicht werden.

b) Der Projektaufbau soll so konzipiert werden, daß er den Schülern vielfältigere Möglichkeiten des eigenständigen Tuns anbietet. Formen der arbeitsteiligen Gruppenarbeit sollen gefördert und die Kooperationsbereitschaft der Schüler gestärkt werden. Diese Konzeption entspricht somit stärker der pädagogischen Zielsetzung von Projektarbeit.

4.2.2.2 Beispiel Redlendorf

Die aus diesen Überlegungen entwickelte Neukonzeption dieses Projektes basiert auf Schülererkundungen von Siedlung und Flur eines kleinen Weilers (Redlendorf):

Hier lassen sich exemplarisch die Merkmale des agrarstrukturellen Wandels und ihre Auswirkungen auf die Kulturlandschaft beobachten. Das Ortsbild weist deutlich auf den ehemals rein agrarischen Charakter hin. Nur im randlichen Bereich erfolgte eine geringfügige Siedlungserweiterung durch einige neue Wohngebäude städtischer Bauart. Eine genauere Untersuchung der alten Gebäudesubstanz macht jedoch deutlich, daß der Ort einem Funktionswandel unterworfen ist: Die meisten ehemaligen Bauernhäuser sind zu reinen Wohngebäuden umgebaut und die ehemaligen Ställe und Scheunen einer anderen Nutzung zugeführt worden (Erweiterung des Wohnraums, Ausbau von Garagen etc.).

Die Auswirkungen des Strukturwandels zeigen sich gleichfalls im Nutzungsgefüge der Flur. Hier hat eine fast vollständige Vergrünlandung stattgefunden. Nur wenige Restparzellen werden zeitweise ackerbaulich genutzt (Silage-Mais, Kartoffeln). Grenzertragsböden fallen z. T. bereits der Aufforstung anheim (z. B. feuchte Talgründe).

Neben diesen Auswirkungen auf die Kulturlandschaft lassen sich in Redlendorf am Beispiel des einzigen Vollerwerbsbetriebes auch die agrarwirtschaftlichen Anpassungsprozesse auf betrieblicher Ebene untersuchen. In diesem Betrieb wurde durch eine Erweiterung der alten Gebäudesubstanz und durch die Installation moderner Milchgewinnungsanlagen (teilautomatischer Melkstand, Milchsammelbehälter mit automatischer Kühlung) eine weitgehende Mechanisierung und eine Spezialisierung auf einen reinen Grünlandbetrieb mit der Produktionsausrichtung Milchgewinnung vollzogen.

Redlendorf eignet sich auch aus organisatorischen Gründen als Untersuchungsobjekt für das Projekt: der Weiler liegt etwa 30 Min. Fußweg vom Schullandheim entfernt. Somit ist die Möglichkeit gegeben, daß die Schülererkundungen auch von der jüngsten Belegungsstufe (4. Schuljahr) innerhalb eines Halbtages durchgeführt werden können.

Der Projektaufbau sieht eine Gliederung in drei Teilthemen vor:

a) Untersuchungen zum Nutzungsgefüge und zu den Nutzungswandlungen in der Flur.

b) Untersuchungen zu den baulichen und funktionalen Wandlungen im Ort.

c) Erkundungen auf einem spezialisierten Grünlandbetrieb.

Zu den Teilthemen a) und b) wurden Schülerarbeitsblätter sowie didaktisch-methodische Kommentare für die Hand des Lehrers entwickelt (s. Anlagen 1, 3, 4, 5, 6). Die Arbeitsblätter für die Schüler sind so konzipiert, daß sie nach einer anfänglichen Einweisung ohne weitere Hilfen des Lehrers von den Schülern bearbeitet werden können.

Dem methodischen Ablauf der Projektarbeit liegen folgende Vorstellungen zugrunde: Die Bearbeitung der Teilthemen A und B erfolgen in arbeitsteiliger Gruppenarbeit. Die Klasse wird also in zwei Gruppen aufgeteilt, die die Ortskartierung bzw. die Flurkartierung vornehmen. Innerhalb dieser Gruppen können sich weitere arbeitsgleiche Kleingruppen (ca. 3 Schüler) bilden, in denen die Fragen, die während der Kartierungen auftreten, diskutiert und gelöst werden können. Die Kartierungsergebnisse der arbeitsgleichen Kleingruppen werden sinnvollerweise an Ort und Stelle direkt nach der Kartierung verglichen und zusammengefaßt. So ist die Möglichkeit gegeben, noch offen gebliebene Fragen gemeinsam zu lösen. Der erste Informationsaustausch zwischen den *arbeitsteilig arbeitenden Gruppen* kann ebenfalls jetzt erfolgen, während die weitere Auswertung und Generalisierung Aufgabe der anschließenden Arbeit im Schullandheim bzw. in der Schule sein kann.

Das Teilthema C wurde nicht in die Gruppenarbeit miteinbezogen, da erfahrungsgemäß bei allen Schülern ein sehr hohes Interesse an der Besichtigung eines Bauernhofes besteht. Ein günstiger Zeitpunkt für eine Betriebsbesichtigung ist in diesem Zusammenhang die Melkzeit, da dann der Milchwirtschaftsbetrieb in „Funktion" vorgeführt werden kann. Die dadurch gewonnene größere Anschaulichkeit in die Funktionsabläufe des Betriebes regen die Schüler in besonderer Weise an, Fragen an den Betriebsinhaber zu richten.

Die weitgehende Geschlossenheit der einzelnen Themenbereiche ermöglicht jedoch auch andere methodische Wege und damit ein hohes Maß an Dispositionsfreiheit in der Planung des projektbegleitenden Lehrers [7a]).

TEILTHEMA A

Für die Untersuchungen zum Nutzungsgefüge und zu den Nutzungswandlungen in der Flur wurde ein *Kartierungsbogen im Maßstab 1 : 5000* entwickelt (s. Anlage 1). Auf ihm sind außer den topographischen Grundlagen (Wegenetz, Siedlung, Wald) auch die Parzellengrenzen der Redlendorfer Flur eingetragen.

Mit der ersten Arbeitsaufgabe des Blattes werden die Schüler aufgefordert, das *augenblickliche Nutzungsgefüge* kartographisch zu erfassen. Als Kartierungshilfe sind in der Legende Abkürzungen für die zu beobachtenden Nutzungsarten aufgeführt: A = Ackerland, W = Weide (eingezäunt) und Wi = Wiese. Zusätzlich werden durch Ausrufezeichen und weitere Signaturen auf Phänomene aufmerksam gemacht, die als *Indikatoren für den Nutzungswandel* in der Redlendorfer Flur gewertet werden können:

- Aufforstung im Bereich eines feuchten Talgrundes
- ein kleiner Rodungsbereich am Rande einer Weide

— eine ehemalige Ackerterrasse innerhalb einer zusammenliegenden Weide, die auf die frühere ackerbauliche Nutzung der Fläche und die Zusammenlegung benachbarter Parzellen zu einer Nutzungsfläche hinweist

— eine Schafweide als Hinweis auf eine Form der nebenerwerblichen landwirtschaftlichen Nutzung

— einige Restparzellen ackerbaulicher Nutzung.

Die Erfassung von Indikatoren des Nutzungswandels liefert eine Grundlage für die Auswertungsphase, in der das augenblickliche Nutzungsgefüge als ein Stadium innerhalb eines Strukturwandlungsprozesses erkannt werden soll.

Für die Hand des Lehrers wurde ein *„Kommentar zur Flurkarte Redlendorf“* konzipiert (s. Anlage 6), in dem neben einer Angabe von Feinlernzielen zur Nutzungskartierung sachliche Informationen sowie methodische und didaktische Hinweise zusammengefaßt sind.

Abb. 2: Schüler einer 4. Klasse bei der Landnutzungskartierung

Abb. 3: Vergleich von Kartierungsergebnissen

TEILTHEMA B

Für die Untersuchung des baulichen und funktionalen Wandels des Ortes Redlendorf wurde ein *Ortsplan im Maßstab 1 : 1000* hergestellt (s. Anlage 3). In ihm sind die Grundrisse aller Gebäude eingezeichnet. Zusammengehörige Gebäude (= Anwesen) sind mit einer punktierten Linie umgeben, um den

Abb. 4—6: Schüler einer 4. Klasse bei der Ortskartierung

Schülern das Erkennen von Funktionszusammenhängen zu erleichtern. Die in dem Ortsplan eingefügte Legende stellt einen Kartierungsschlüssel zur Charakterisierung der Gebäudetypen sowie der Gebäudenutzung dar.

Die mit der Ortskartierung verbundenen Arbeitsaufgaben sind auf einem gesonderten Blatt zusammengestellt (s. Anlage 4). Den ersten Schritt der Bearbeitung stellt die Gebäudekartierung dar. Hierzu werden die in der Legende angegebenen Symbole benutzt. Die Informationen über die Gebäudetypen und die Gebäudenutzung sollen von den Schülern durch eigene Beobachtungen und gegebenenfalls durch eine Befragung der Ortsbewohner eingeholt werden.

In den beiden folgenden Schritten der Bearbeitung werden Schlußfolgerungen aus der Ortskartierung gezogen. Zunächst geht es darum, die Anwesen mit einer voll- oder nebenerwerblichen landwirtschaftlichen Nutzung von den Anwesen mit reiner Wohnfunktion zu unterscheiden. Dieser Schritt läßt die Schüler erkennen, daß in der ehemals rein agrarischen Siedlung die agrarischen Funktionen zugunsten der reinen Wohnfunktion weit zurückgedrängt worden sind.

Im letzten Schritt soll aus den Anwesen, in denen noch eine landwirtschaftliche Nutzung vorliegt, dasjenige herausgefunden werden, in dem die Landwirtschaft die Haupterwerbsquelle darstellt. Durch die Unterscheidung zwischen Voll- und Nebenerwerbsbetrieben werden die Schüler auf ein weiteres Merkmal des agrarwirtschaftlichen Strukturwandels aufmerksam gemacht, nämlich die schrittweise Zurückdrängung der landwirtschaftlichen Erwerbstätigkeit. (Daß die landwirtschaftliche Nebenerwerbstätigkeit in Redlendorf wie vielerorts lediglich ein Übergangsstadium darstellt, kann den Schülern höherer Jahrgangsstufen u. U. im Rahmen der Befragung der Ortsbevölkerung deutlich werden. Bei den Betriebsleitern der landwirtschaftlichen Nebenerwerbsbetriebe handelt es sich fast ausnahmslos um alte Leute, deren Kinder bereits in andere Berufe abgewandert sind).

TEILTHEMA C

Die Erkenntnisse, die im Zusammenhang mit der Besichtigung des Vollerwerbsbetriebes gewonnen werden, können auf einen *Beobachtungsbogen* niedergeschrieben werden.

Als methodisch sinnvoll erweist sich der Einsatz eines tragbaren Tonbandgerätes. Die durch das *Tonbandinterview* festgehaltenen thematisch ungegliederten Aussagen des Betriebsinhabers können in höheren Klassen in der Auswertungsphase zusammengefaßt und thematisch gegliedert werden.

4.2.3 Zur Auswertungsphase

Sofern die Auswertungsphase nicht bereits während des Schullandheimaufenthaltes erfolgt (vgl. S. 26), sollte sie möglichst früh nach der Rückkehr der Klasse beginnen, da dann die Eindrücke der Schüler noch frisch sind und das Interesse an einer abschließenden Beschäftigung mit dem Thema „Strukturwandel der Landwirtschaft" noch lebendig ist.

Mit der Auswertungsphase werden folgende Ziele verfolgt:

a) ein zusammenfassender Vergleich der Arbeitsergebnisse als Grundlage für eine Vertiefung des Projektthemas im Hinblick auf die Entwicklung des Strukturwandels,
b) eine Übertragung der durch die Beschäftigung mit dem Projekt gewonnenen Grundeinsichten auf agrarische Wirtschaftsformen in anderen Räumen,
c) eine Lernzielüberprüfung.

Für die didaktischen Zielsetzungen a) und c) wurden im Rahmen des Modellversuchs weitere Unterrichtsmaterialien zusammengestellt.

Bei der *Auswertung der Arbeitsergebnisse* geht es zunächst darum, die in den Gruppen erarbeiteten Ergebnisse zu sichten, zu ordnen und zu vergleichen. Für diesen Teil der Auswertungsphase wurde im vorliegenden Projekt eine *Diaserie* über die beobachteten Einzelerscheinungen in Redlendorf zusammengestellt. Der didaktische Ort des Einsatzes der Dias kann innerhalb der Unterrichtsstunde sowohl in der Einstiegsphase wie in der Erarbeitungsphase liegen. Ein *Tonbandinterview* mit dem Besitzer des Vollerwerbsbetriebes kann im Hinblick auf Aussagen zu Betriebsstrukturen eingesetzt werden, vor allem dann, wenn die Klasse keine Möglichkeit zu einer Betriebsbesichtigung hatte. Im folgenden Schritt werden die Ergebnisse im Hinblick auf die zeitliche Komponente des Strukturwandels ausgewertet. Für diesen Auswertungsschritt wurde eine Farbfolie für den Overhead-Projektor hergestellt, auf der nebeneinander das Nutzungsgefüge der Redlendorfer Flur im Jahre 1950 und im Jahre 1976 dargestellt ist. In einer einfarbigen Ausführung liegt diese Darstellung den Schülern auch als Arbeitsblatt vor (s. Anlage 2). Aus dem Kartenvergleich wird deutlich, daß sich in Redlendorf im Laufe der vergangenen 25 Jahre das Acker-Grünlandverhältnis von etwa 50 : 50 auf etwa 10 : 90 verschoben hat: eine Entwicklung, die auch in anderen ländlichen Räumen der deutschen Mittelgebirge zu beobachten ist.

Für die Lernzielüberprüfung wurde ein *Nachtest* entwickelt (s. Anlage 8).

Bei seiner Konzeption waren vor allem zwei Überlegungen ausschlaggebend:

- — Der Test soll eine Überprüfung des Lernzuwachses in bezug auf die übertragbaren Erkenntnisse ermöglichen, also über die spezifisch örtliche Situation in Redlendorf hinausgehen. So kann der Test ohne besondere Modifikation auch an anderen Schullandheimstandorten eingesetzt werden.
- — Die Fragen des Abschlußtests sollen in einem engen Bezug zu denen des Vortests stehen, um so die Voraussetzung zu schaffen, den individuellen Lernzuwachs der einzelnen Schüler zu überprüfen. Der Nachtest hat damit die Funktion eines informellen Tests. Daher werden im Nachtest einige der bereits im Vortest angesprochenen Themenbereiche (Tierbestand und Maschinenpark eines Bauernhofes) erneut aufgegriffen. Zwei Fragenkomplexe werden wörtlich aus dem Vortest übernommen. Ein solches Vorgehen ist möglich, da der Nachtest in der Regel erst einige Zeit später ausgefüllt wird. So kann angenommen werden, daß die Beantwortung des Vortests die des Nachtests nicht wesentlich beeinflußt.

4.3 Ergebnisse der begleitenden Untersuchung

4.3.1 Die Vorbereitung der Projektarbeit

Der folgende Bericht über die vorbereitenden Arbeiten, die zur Konzeption und Durchführung des Projektes notwendig waren, zielt in erster Linie darauf ab, methodische Hinweise im Hinblick auf die Übertragung des Projektthemas auf andere Schullandheimstandorte zu vermitteln.

Die Absicht der *ersten Phase* der vorbereitenden Arbeiten bestand darin, einen Überblick über die agrargeographischen Gegebenheiten des Raumes zu erarbeiten. Unter dieser Zielsetzung wurden zunächst sekundäre Quellen gesammelt und ausgewertet, namentlich die Agrarstatistiken des Statistischen Landesamtes sowie Publikationen über agrar- und siedlungsgeographische Themen des Raumes. Publikationen dieser Art finden sich häufig in heimatkundlich orientierten Zeitschriften oder in Sonderbeilagen der Lokalzeitungen anläßlich von Ortsjubiläen usw.. Bei der Auswertung der sekundären Quellen wurde versucht, einen Überblick über agrarstrukturelle Entwicklungen des Raumes in der Nachkriegszeit zu erhalten; denn diese Epoche ist entscheidend für das Verständnis der gegenwärtig noch ablaufenden strukturellen Wandlungsprozesse.

Neben der Auswertung sekundärer Quellen erwies sich die Befragung von Institutionen und Einzelpersonen, die sich mit der Neuordnung des ländlichen Raumes befassen, als besonders fruchtbar. Im vorliegenden Fall waren dies das Planungsamt der Stadt Meinerzhagen sowie vor allem die mit der agrarischen Neuordnung des Raumes beauftragte Planungsgesellschaft, die Deutsche Bauernsiedlung GmbH Düsseldorf, Außenstelle Meinerzhagen. In anderen Fällen können dies die landwirtschaftlichen Bezugs- und Absatzgenossenschaften oder die örtlichen Organe des Deutschen Bauernverbandes sein.

In der *zweiten Phase* erfolgte die Auswahl geeigneter Anschauungsobjekte, also landwirtschaftlicher Betriebe und einer ländlichen Siedlung, an denen die im ersten Arbeitsschritt ermittelten Tendenzen des agrarstrukturellen Wandels exemplarisch aufgezeigt werden können. Es wurden verschiedene ländliche Kleinsiedlungen aufgesucht, vorbereitende Kartierungen durchgeführt sowie die ersten Kontakte zu den Inhabern landwirtschaftlicher Betriebe aufgenommen. Die Gespräche mit den Betriebsinhabern wurden auszugsweise protokolliert und auf Tonband aufgenommen (Angaben zur Betriebsstruktur, besondere betriebliche Probleme, bereits vorgenommene betriebliche Anpassungsmaßnahmen etc.).

Ausschlaggebende Gesichtspunkte für die Auswahl der Anschauungsobjekte waren neben der sachlichen und didaktischen Eignung die Erreichbarkeit vom Schullandheim aus sowie die Kooperationsbereitschaft der Betriebsinhaber. Der Aspekt der Erreichbarkeit kann, wenn die Durchführung des Projektes im Rahmen einer Busexkursion vorgesehen ist, von untergeordneter Bedeutung sein.

In der *dritten Arbeitsphase* wurde die methodisch-didaktische Aufbereitung des Projektthemas vorgenommen.

In diesem Zusammenhang stellte sich zunächst die Frage, welche Grundeinsichten durch die Beschäftigung mit dem Thema „Landwirtschaft" in der konkreten räumlichen Situation gewonnen werden können. Es wurde ein Katalog von kognitiven Grob- und Feinlernzielen aufgestellt, die zunächst unabhängig sind von der Altersstufe der beteiligten Klassen und von der Art der Erarbeitungsmöglichkeiten (vgl. Anlage 5).

Die Auswahl der Lernziele unter den Aspekten der Altersstufe (im vorliegenden Fall des 4.—6. Schuljahrs) und der spezifisch projektorientierten Arbeitsformen erfolgte erst im Zusammenhang mit der Konzeption der zur Erarbeitung der Lernziele notwendigen Arbeitsunterlagen für die Schüler, im vorliegenden Fall also der Flurkarte und des Ortsplans Redlendorf (vgl. Anlage 1 und 3).

Die für die Arbeitsblätter notwendigen Kartengrundlagen (Deutsche Grundkarte 1:5000 und Flurkarte 1:1000) wurden von der örtlichen Nebenstelle des Kreis-Katasteramts bezogen. Da die Deutsche Grundkarte in der Regel nur im Abstand mehrerer Jahre berichtigt wird, ist ggf. eine Aktualisierung der Kartengrundlage durch eigene Eintragungen notwendig; nach den vorliegenden Erfahrungen führt eine ungenaue kartographische Grundlage der Arbeitsblätter vor allem bei jüngeren Schülern zu Schwierigkeiten bei der räumlichen Orientierung.

Nach der Beschaffung der Kartengrundlage erfolgte die didaktische Aufbereitung. Im Mittelpunkt der Überlegungen standen die Fragen der Generalisierung sowie die Konzeption eines geeigneten Kartierungsschlüssels. Parallel dazu wurden die Handreichungen für den Lehrer erarbeitet (vgl. Kap. 4.2.2).

Die Arbeitsblätter für die Schüler wurden im Laufe einer längeren Erprobungsphase aufgrund eigener Beobachtung des Schülerverhaltens und aufgrund kritischer Anregungen der Lehrer mehrfach korrigiert und ergänzt.

Bei der Darstellung der für die Konzeption des Projektes im Rahmen des Modellversuchsprogramms geleisteten Vorarbeiten muß bedacht werden, daß im vorliegenden Fall Sachmittel und studentische Mitarbeiter zur Verfügung standen. Die didaktisch-methodischen Konzeptionen wurden in dem seit 1974 am Geographischen Seminar der Pädagogischen Hochschule Ruhr bestehenden studentischen Arbeitskreis ‚Projektarbeit im Schullandheim' entwickelt und diskutiert. Der Überblick über die agrargeographischen Strukturen im Raum Meinerzhagen wurde durch eine Examensarbeit erweitert. Nicht zuletzt ermöglichten hochschulinterne Einrichtungen wie die zentrale Vervielfältigungsstelle und das Hochschulrechenzentrum die Herstellung von Arbeitsmaterialien und ihre computerunterstützte Auswertung.

Dies bedeutet jedoch nicht, daß die Übertragung des vorliegenden Projektes auf andere Schullandheimstandorte im Rahmen der „normalen" Situation der Schullandheimarbeit den im vorliegenden Modellversuch verfügbaren Sachmittel- und Personalaufwand voraussetzt. Darüber hinaus kann der Aufwand für die vorbereitenden Arbeiten wesentlich verringert werden durch eine enge Kooperation und einen gegenseitigen Informationsaustausch der am Themenkreis interessierten Fachlehrer, eine Zusammenarbeit, die in der Regel im Rahmen der örtlichen Schullandheimvereine geleistet werden kann.

4.3.2 Die Auswertung der Projektergebnisse

4.3.2.1 *Auswertung des Vortests:* Vorwissen der Schüler

Im Rahmen der wissenschaftlichen Begleitung des Modellversuchs wurden etwa 650 Schüler in 25 Klassen Hagener Schulen über die Quellen ihrer Informationen, ihren Kenntnisstand sowie ihre Einstellungen zu Fragen der Landwirtschaft befragt. Die Befragung wurde im Hinblick auf die Projektkonzeption mit folgender Zielsetzung durchgeführt:

- Von welchen Vorinformationen zu Themen der Landwirtschaft kann bei Stadtkindern der Jahrgangsstufen 4.—6. ausgegangen werden?
- In welchen Bereichen des Themenkomplexes Landwirtschaft liegen in besonders starkem Maße Kenntnislücken und unzutreffende Vorstellungen vor, die durch die Projektarbeit korrigiert werden sollten?

Im Laufe der Befragung wurde mit zwei unterschiedlichen Fragebögen gearbeitet. Da zunächst nur vage Vorstellungen über das mögliche Spektrum der Schülerantworten bestand, wurde in der ersten Fassung des Fragebogens vorwiegend mit „offenen“ Fragen gearbeitet, die dem Schüler eine freie Beantwortung ermöglichen. Die Auswertung der ersten Fragebogenaktion (etwa 220 Schüler wurden befragt) ließ zu den einzelnen Fragen eine Reihe häufig wiederkehrender Antworten erkennen. Diese wurden in der zweiten Fassung des Fragebogens als Grundlage für die Kategorisierung der vorgegebenen Antworten im Rahmen geschlossener Fragen (multiple-choice-Fragen) verwendet [8]).

Der im Anhang abgedruckte Fragebogen stellt eine Kurzfassung des hier verwendeten Fragebogens dar. Er wurde um die Fragen gekürzt, die nur im Rahmen der wissenschaftlichen Begleitung des Modellversuchs von Interesse waren.

Die Auswertung der Fragebögen läßt folgende *Tendenzen* erkennen:

a) *Zur Quelle der Informationen*

Die Mehrzahl der befragten Schüler hatte bereits *unmittelbaren Kontakt mit Bauernhöfen,* zu einem erheblichen Teil sogar häufigeren oder länger andauernden (z. B. Ferien auf dem Bauernhof). Diese Kontakte scheinen sich jedoch im wesentlichen auf *Beobachtungen* zu beschränken. Eine *aktive Mithilfe bei landwirtschaftlichen Arbeiten,* die eine vertiefte Einsicht in die agrarische Arbeitswelt und ihre Probleme vermitteln könnte, wird weitaus seltener genannt.

Neben den eigenen Erfahrungen sind insbesondere *Kinderbücher* (auch Kinderlexika und andere Sachbücher) und der *Schulunterricht,* in zweiter Linie *Gespräche mit Erwachsenen* (vor allem Eltern) als sekundäre Informationsquellen von Bedeutung.

b) *Zum Kenntnisstand der Schüler über Themen der Landwirtschaft*

Bei der Frage nach den *Tieren,* die auf einem Bauernhof gehalten werden, wurde eine große Auswahl unterschiedlicher Tierarten genannt, und zwar sowohl von *Nutztieren* wie auch von *Haustieren.* Auffällig ist in diesem Zusammenhang zweierlei: Die wichtigsten Nutztierarten, Kühe und Schweine, dominieren auch in der Reihenfolge der Nennungen. An dritter Stelle wurden jedoch Pferde genannt. Hier treten augenscheinlich Wunschvorstellungen (Spielmöglichkeiten auf einem Bauernhof) oder tradierte Klischees an die Stelle von Sachinformationen [9]).

Die Antworten auf die Fragen nach den *Anbauprodukten* und dem *Maschinenpark* eines landwirtschaftlichen Betriebes lassen klar erkennen, daß die Schüler dieser Befragung in ihren Vorstellungen den Bauernhof zumeist mit einem Ackerbaubetrieb gleichsetzen. Gras bzw. Heu werden als Anbauprodukte fast nicht genannt. Ackerbauliche Großgeräte werden weitaus häufiger genannt als Geräte und Einrichtungen zur Milchgewinnung.

Bei der Frage nach den *Gründen für die Konzentration der Tierhaltung auf eine Art (Spezialisierung)* eines landwirtschaftlichen Betriebes lassen sich zwei sehr unterschiedliche Begründungskomplexe feststellen. Hinter dem einen Begründungszusammenhang steht offentsichtlich die Vorstellung von einem schrumpfenden Betrieb, der durch einen Mangel an Arbeitskräften, zu geringe Kapitalausstattung und zu wenig Platz zu einer Beschränkung auf die Haltung nur einer Tierart gezwungen ist. Hinter dem anderen Begründungszusammenhang steht die sachlich zutreffende Vorstellung von einem modernen Betrieb, der durch eine Konzentration im Arbeitseinsatz, durch hohe Sachkenntnis des Betriebsinhabers und durch Rationalisierungsmaßnahmen zu einer Erhöhung der Betriebserträge gelangen kann. Beide Auffassungen halten sich in der Anzahl der Nennungen in etwa die Waage.

Bei der Nennung von *Merkmalen zur Charakterisierung „alter" bzw. „neuer" Bauernhöfe* dominieren bei weitem Merkmale, die den baulichen Zustand der Höfe kennzeichnen. Nur in geringem Umfang werden auch betriebsstrukturelle Merkmale genannt, wie der Grad der Mechanisierung und Spezialisierung oder die Größe und die Lage der Nutzfläche.

Zusammenfassend ist also festzustellen, daß bei Stadtkindern der untersuchten Altersstufen erhebliche Kenntnislücken und Fehlvorstellungen bezüglich des Themenkomplexes Landwirtschaft bestehen. Kenntnislücken liegen vor allem im Zusammenhang mit zwei Sachbereichen vor: der Betriebsform des Grünlandbetriebes sowie der Gründe für eine Spezialisierung und ihre Auswirkungen auf die Betriebsstruktur.

c) *Zu den Einstellungen der Schüler zur Landwirtschaft*

Die Einstellungen, Urteile und Vorurteile der Schüler im Hinblick auf die landwirtschaftliche Arbeit und die agrarische Umwelt wurden zunächst durch drei, frei zu begründende Entscheidungsfragen geprüft:

- Möchtest Du gerne Deine Ferien auf einem Bauernhof verbringen?
- Möchtest Du gerne auf einem Bauernhof aufwachsen?
- Möchtest Du gerne Landwirt sein?

Die Schüler müssen also in ihrer Argumentation bei jeder Frage eine andere Rolle einnehmen (Ferienkind auf dem Bauernhof, Kind eines Bauern, Landwirt).

Dabei entfernt sich die einzunehmende Rolle zunehmend von der eigenen Lebenssituation als Stadtkind.

Die Auswertungen zeigen deutlich, daß die befragten Schüler zwischen den unterschiedlichen Rollen zu unterscheiden vermögen. Während die beiden ersten Fragen (Rollen: Ferienkind bzw. Kind eines Bauern) mit überwältigender Mehrheit positiv beantwortet werden, überwiegen bei der letzten Frage (Rolle: Landwirt) negative Entscheidungen.

Bei der Begründung der *positiven* Entscheidung zu den beiden ersten Fragen sind die Möglichkeiten der *spielerischen und nichtspielerischen Beschäftigung mit Tieren* von ausschlaggebender Bedeutung. Daneben spielen wahrscheinlich auch stark klischeehaft geprägte Vorstellungen von einer *gesunden Umwelt* und von *natürlichen Lebensbedingungen* eine Rolle. Bei den Begründungen für eine negative Entscheidung fallen insbesondere ins Gewicht: Gestank und Lärm, viel Arbeit, schwere und schmutzige Arbeit, mangelhafte Berufs- und Bildungschancen.

Die Begründungen für die *negativen* Entscheidungen im Zusammenhang mit der letzten Frage beziehen sich zumeist auf die Arbeitsbedingungen des Landwirts: Die Arbeit des Bauern wird als „zu schwer“ und „zu schmutzig“ empfunden. Sie bietet darüber hinaus dem Bauern in der Vorstellung der Schüler nur geringe *Verdienstmöglichkeiten.* Die negativen Aspekte der landwirtschaftlichen Arbeit wurden durch die Antworten auf eine Frage zu den Unterschieden in der Arbeitszeit zwischen einem Angestellten und einem Landwirt präzisiert: die Arbeitszeit des Bauern ist zu lang, er hat *wenig Freizeit* und *keinen Urlaub.*

Schließlich wurde mit der Frage: „Können wir uns in Deutschland auch ohne Landwirtschaft ernähren?“ versucht, die Einschätzung der volkswirtschaftlichen Bedeutung der Landwirtschaft zu ermitteln. Diese kann zugleich als Indikator für die Vorstellungen der Schüler über die Bedeutung bzw. gesellschaftliche Stellung des Bauern angesehen werden. Die am häufigsten genannten Antworten waren: „nur notdürftig“ und „gar nicht“. Wenn auch nicht davon ausgegangen werden kann, daß Schüler dieser Altersstufen über die weltwirtschaftlichen Verflechtungen in der Produktion und Verteilung von Nahrungsmitteln informiert sind und so zu einer richtigen Beurteilung dieser Frage kommen können, lassen sich aus den Antworten doch folgende Schlüsse ziehen:

- Die Schüler erkennen die Arbeit der Landwirtschaft als gesamtwirtschaftlich notwendig an.
- Mit dieser Anerkennung verbindet sich eine positive Bewertung der gesellschaftlichen Bedeutung des Bauern.

4.3.2.2 *Auswertung des Nachtests*

Im Rahmen des Modellversuchs im Schullandheim Meinerzhagen wurde ein Nachtest verwendet, der sich in Anpassung an die örtliche Situation von dem in der Anlage abgedruckten Test unterscheidet. Ziel dieses Nachtests ist es zu ermitteln, in welchem Umfang von den Schülern die am konkreten Objekt erarbeiteten Agrarstrukturen und Strukturwandlungen erkannt werden. Der Nachtest gliedert sich in drei Fragenkomplexe:

Der *erste Fragenkomplex* zielt mit den Fragen nach den in Redlendorf gesehenen Tieren, den landwirtschaftlichen Maschinen und Einrichtungen sowie mit der Aufforderung zur Unterstreichung derjenigen genannten Tiere, Maschinen und Einrichtungen, die für die Milchviehhaltung genutzt werden, auf die Erfassung der landwirtschaftlichen Strukturen auf betrieblicher Ebene. Da die Schüler nach einer vollständigen Aufzählung der gesehenen Tiere und landwirtschaftlichen Geräte streben, legen die Antworten auf den ersten Blick die Vermutung nahe, daß die Spezialisierung in der Landwirtschaft nicht erkannt wurde. So werden beispielsweise neben den Milchkühen in fast gleichem Umfang Pferde genannt, die hier nur vereinzelt zu Reitzwecken gehalten werden; neben den Geräten zur Milchviehwirtschaft werden fast gleichrangig Ackerbaugeräte aufgeführt, die am Untersuchungsort zwar noch vorhanden sind, aber kaum genutzt werden. Die gezielten Fragen nach den für die Milchviehwirtschaft gehaltenen Tieren und verwendeten Geräten und Einrichtungen lassen jedoch erkennen, daß der im Untersuchungsgebiet vorherrschende Typ des spezialisierten Grünlandbetriebes von rund drei Viertel der Schüler erfaßt wird.

Der *zweite Fragenkomplex* zielt auf das Erkennen der Gebäudestrukturen am Untersuchungsort. Bemerkenswert sind vor allem zwei Ergebnisse: Typisch städtische Gebäude, die in der Liste der Gebäudetypen vorgegeben sind, werden in keinem Fall angekreuzt. Den Schülern ist also der physiognomische und funktionale Unterschied zwischen städtischen und ländlichen Siedlungen deutlich geworden. Im Gegensatz zum Vortest sind im Nachtest die funktionalen Gesichtspunkte zur Charakterisierung der Gebäude von größerer Bedeutung als die physiognomischen. Während dort die Baumaterialien und das Gebäudealter wesentliche Unterscheidungskriterien sind, ist es hier die unterschiedliche Nutzung der Gebäude.

Der *dritte Fragenkomplex* betrifft mit einem Lückentext und einer Auswahlfrage (multiple-choice) die Nutzungsstruktur und den Nutzungswandel der Redlendorfer Flur. Auch hier zeigt sich, daß dieser Aspekt des Strukturwandels von der Mehrheit der Schüler richtig erfaßt wird. Der für Schüler des 4. Schuljahres recht schwierige Lückentext (die einzusetzenden Begriffe waren nicht vorgegeben) wird von der Mehrheit der Schüler richtig oder zumindest teilweise richtig ausgefüllt. Darüber hinaus zeigt sich bei der multiple-choice-Frage, daß die wichtigsten Merkmale des Nutzungswandels, nämlich die Umwandlung von Ackerland zu Weideland und die Aufforstung, ebenfalls von einem großen Anteil der Schüler erkannt wird.

Zusammenfassend ist festzustellen, daß die Schüler größere Schwierigkeiten haben, den Strukturwandel auf der betrieblichen Ebene zu erkennen. Dagegen sind ihnen die Auswirkungen des agrarischen Strukturwandels auf die Gebäudenutzung sowie die Nutzung der Flur einsichtiger.

4.3.2.3 *Sonstige Auswertungen*

Auswertung der Orts- und Flurkartierung:

Die *Ortskartierung* wird von fast allen Schülern richtig und sehr sorgfältig vorgenommen. Auffällig ist das Bestreben, eine Vollständigkeit in der Kartierung zu erreichen. So werden von den meisten Schülern auch solche Gebäude nach ihrer Nutzung bestimmt, die nicht unmittelbar vom Weg her einsehbar sind. Dies belegt die bei der Begleitung vieler Klassen gewonnene Erfahrung, daß der Arbeitsbogen für die Ortskartierung die Schüler zu einem entdeckenden Lernen anregt.

Schwierigkeiten treten im Zusammenhang mit zwei Arbeitsaufgaben auf: Die Aufforderung, die Gebäude, in denen Vieh gehalten wird, mit einem Stern zu kennzeichnen, ist offensichtlich von den meisten Schülern überlesen worden. Hier wäre eine Einbeziehung der Arbeitsaufgabe in die Legende des Kartierungsbogens sinnvoll. Unklar bleibt den meisten Schülern der Begriff des Nebenerwerbsbetriebes. Während der einzige noch bestehende Vollerwerbsbetrieb von fast allen Schülern erkannt wird, werden häufig alle anderen Anwesen, in denen Tiere, auch Haustiere, gesehen werden, als Nebenerwerbsbetriebe eingeordnet. Lediglich ein Gebäude, ein moderner Bungalow, wird von allen Schülern als reines Wohnhaus ohne Viehhaltung erkannt. Hier erscheint eine Klärung im nachfolgenden, auswertenden Unterricht dringend erforderlich.

Auch die *Flurkartierung* wird von den meisten Schülern richtig vorgenommen. Selbst bei dem für Schüler der jüngeren Altersstufen physiognomisch oft schwierig zu erkennenden Unterschied zwischen Weide und Wiese sind nur selten Fehler in der Kartierung festzustellen. Inwieweit dazu weitere, vom Lehrer angegebene Unterscheidungsmerkmale (vgl. Kap. 4.5, Anl. 6) beigetragen haben, läßt sich nicht bestimmen. Auch die durch Ausrufezeichen besonders hervorgehobenen Phänomene werden von den meisten Schülern erkannt und richtig bestimmt. Schwierigkeiten bereitet den Schülern hingegen die Kennzeichnung der „Kammsignatur" als Ackerterrasse. Hinsichtlich der Vollständigkeit der Kartierung unterscheiden sich die Arbeiten der einzelnen Schüler recht deutlich voneinander. Während einige bestrebt sind, eine flächendeckende Kartierung vorzunehmen, beschränken sich andere darauf, die unmittelbar am Wege liegenden Flurstücke hinsichtlich ihrer Nutzung zu bestimmen.

Sowohl bei der Flurkartierung wie bei der Ortskartierung haben einige Schüler spontan begonnen, die Kartierungsbögen farbig anzulegen. Dies sollte vom projektleitenden Lehrer gezielt gefördert werden. Das farbige Ausmalen erhöht bei Grundschulkindern erfahrungsgemäß die Freude an der Arbeit. Überdies trägt es zu einer besseren Lesbarkeit der Kartierungsergebnisse bei und spornt die Schüler bei der Flurkartierung zu einer flächendeckenden Kartierung an.

Auswertung der Berichte der projektleitenden Lehrer:

Im Rahmen der wissenschaftlichen Begleitung des Modellversuchs im Schullandheim Meinerzhagen wurden in einem Zeitraum von vier Jahren alle Lehrer, die mit ihren Klassen die Projekte durchführten, jeweils zu einem Erfahrungsaustausch in einer Gruppendiskussion eingeladen. Die Diskussionsprotokolle wurden im Hinblick auf die Erfahrungen, die kritischen Einwände sowie die Verbesserungsvorschläge der Lehrer ausgewertet.

Positiv hervorgehoben wird das große Interesse, daß die Beschäftigung mit Themen der Landwirtschaft bei Stadtkindern, insbesondere des Grundschulalters, hervorruft. Als eine wesentliche Voraussetzung für ein erfolgreiches Arbeiten an diesen Fragestellungen wird die Tatsache erachtet, daß der Untersuchungsort in seiner Überschaubarkeit ein kindgemäßes Beispiel darstellt. Die Kartierungsbögen erweisen sich als wertvolle Arbeitsgrundlagen, nicht nur im Hinblick auf die angestrebten Lernziele, sondern vor allem als Hilfen zur Motivation der Schüler. Besonders hervorgehoben wird von den Lehrern überdies, daß die Projektarbeit sowohl in formaler wie auch in inhaltlicher Hinsicht gut in den schulischen Unterricht einbindbar ist.

Hinsichtlich des zeitlichen Umfangs, der zur Bearbeitung der Kartierungsbögen notwendig ist, wird von den Lehrern kritisch eingewendet, daß er im

Rahmen eines in der Regel zur Verfügung stehenden Halbtages die Schüler überfordere. Da die Besichtigung des Bauernhofes wegen des besonderen Erlebniswertes und der großen Anschaulichkeit einen wesentlichen Bestandteil der Projektarbeit darstellen soll, wird vorgeschlagen, die Besichtigung mit nur einer Kartierungsaufgabe, der Ortskartierung *oder* der Flurkartierung, zu verbinden. Möglicherweise lassen sich die beiden Kartierungen aber auch von jeweils der Hälfte der Klasse vornehmen.

Im Hinblick auf die Anlage der Kartierungsbögen wird auf zwei Probleme hingewiesen: Die Erfahrungen haben gezeigt, daß die Schüler vor allem bei der Ortskartierung die Kartengrundlage sehr genau mit der Wirklichkeit vergleichen. Bereits geringfügige Abweichungen, die durch nicht nachgetragene bauliche Veränderungen hervorgerufen werden können, führen bei den Schülern zu einer Unsicherheit. Hier ergibt sich das Erfordernis einer ständigen Aktualisierung der Kartierungsbögen. Schwierigkeiten haben viele Schüler mit der räumlichen Orientierung auf den Karten. Diese sollte erleichtert werden durch die Eintragung weiterer, in der Realität eindeutig zu identifizierender topographischer Elemente (einzelstehende Bäume o. ä.). Zugleich wird aber auch darauf hingewiesen, daß sich die Kartierungsbögen zu einer praktischen Einübung in das Kartenverständnis eignen!

Im Zusammenhang mit der Flurkartierung wird darüber hinaus festgestellt, daß das selbständige Kartieren über eine längere Wegstrecke viele Schüler überfordert, da Kinder dieses Alters sich stärker auf Einzelphänomene konzentrieren. Dadurch sei bei der Flurkartierung eine stärkere Führung durch den Lehrer erforderlich als bei der Ortskartierung. Es wird vorgeschlagen, auf der Flurkarte eine Anzahl von Einzelstandorten einzutragen, an denen sich die Klasse sammelt, um von dort aus, gegebenenfalls mit Unterstützung des Lehrers, die zu beobachtende Landnutzung zu kartieren. Außerdem müsse der Flurkartierungsbogen durch präzisere Arbeitsanweisungen ergänzt werden.

4.4 Konsequenzen für die Übertragbarkeit des Projektthemas auf andere Schullandheimstandorte

Bei der Frage nach der Übertragbarkeit des Projektthemas „Strukturwandel in der Landwirtschaft" sind sowohl pädagogische wie auch fachdidaktische und standörtliche Gesichtspunkte zu berücksichtigen.

— Themen der Landwirtschaft stehen Stadtkindern, insbesondere der jüngeren Altersgruppen, psychologisch nahe. Kinder haben ein sehr starkes Interesse an einer Beschäftigung mit Tieren. Die Tätigkeit des Bauern wird als eine elementare Wirtschafts- und Arbeitsweise erfahren, die im Gegensatz zu städtisch-industriellen Arbeitsweisen überschaubar und damit kindgemäß zu erschließen ist.

— Themen der Landwirtschaft stellen eines der wenigen Beispiele dar, bei denen Einsichten in übergeordnete Zusammenhänge und Verflechtungen in einer dem Kind gemäßen Weise vermittelt werden können. So erfahren Kinder bei Gesprächen mit Bauern die unmittelbare Abhängigkeit seiner Tätigkeit von genossenschaftlichen Zusammenschlüssen bis hin zu übernationalen Vereinbarungen (z. B. EG-Agrarmarktordnung).

— Die meisten Schullandheime liegen im ländlichen Raum. Insofern bietet sich allein aus standörtlichen Gesichtspunkten eine Beschäftigung an, zumal Stadtkinder sonst nur selten die Gelegenheit besitzen, sich intensiver mit der Landwirtschaft als Wirtschaftsform und Arbeitswelt zu beschäftigen.

Bei Schullandheimen im Mittelgebirgsraum ist eine direkte Übertragbarkeit der hier vorgelegten Projektkonzeption sowohl in ihrer inhaltlichen Zielsetzung und Ausgestaltung wie auch in ihrem methodischen Ansatz möglich. Das Phänomen des landwirtschaftlichen Strukturwandels im Hinblick auf den spezialisierten und mechanisierten Grünlandbetrieb ist keine Einzelerscheinung im nördlichen Sauerland, sondern typisch für die agrarischen Anpassungsprozesse im deutschen Mittelgebirgsraum.

Bei Schullandheimen in anderen Landschaftsräumen Deutschlands ist eine Übertragbarkeit des methodischen Ansatzes gleichfalls gegeben. In vielen Fällen wird auch die inhaltliche Zielsetzung ähnlich sein, da die jüngere Entwicklung der deutschen Agrarwirtschaft durch Spezialisierung und Mechanisierung gekennzeichnet ist. Dagegen sind jeweils Änderungen in der inhaltlichen Ausgestaltung des Projektes notwendig, da sich die Formen der Spezialisierung in den verschiedenen Räumen voneinander unterscheiden (z. B. Mastbetriebe, Getreideanbaubetriebe, Sonderkulturbetriebe).

Bei der Darstellung des Projektaufbaus wurde neben dem ausführlich dargestellten methodischen Ansatz der Untersuchung einer überschaubaren ländlichen Siedlung auch kurz ein zweiter Ansatz, der von dem Vergleich zweier unterschiedlich strukturierter Höfe ausgeht, vorgestellt. Nach den im Rahmen des Modellversuchs gewonnenen Erfahrungen hängt der Erfolg dieses zweiten

Ansatzes nicht allein von den örtlichen Gegebenheiten ab, sondern ganz entscheidend auch vom Alter der Schüler. Es hat sich gezeigt, daß insbesondere jüngeren Schülern agrarische Strukturwandlungen auf betrieblicher Ebene weniger einsichtig sind als ihre Auswirkungen auf die Gestalt und Nutzung eines Dorfes samt seiner Flur. Daraus ergibt sich der Schluß, daß der Erfolg bei der Übertragung des Projektthemas auf andere Schullandheimstandorte entscheidend von der Auswahl eines geeigneten Untersuchungsobjektes abhängt, das sich den Schülern als überschaubare Einheit darstellt.

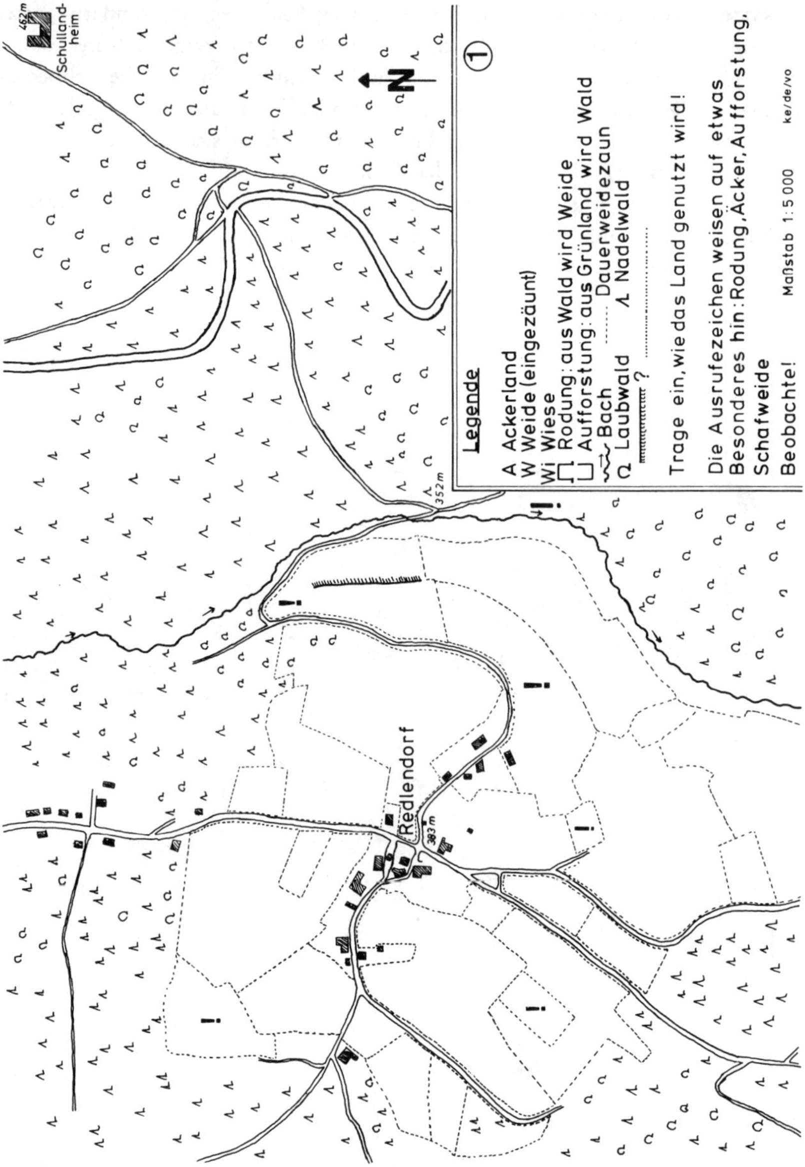

Anlage 1: □ **Flurkartierung Redlendorf**

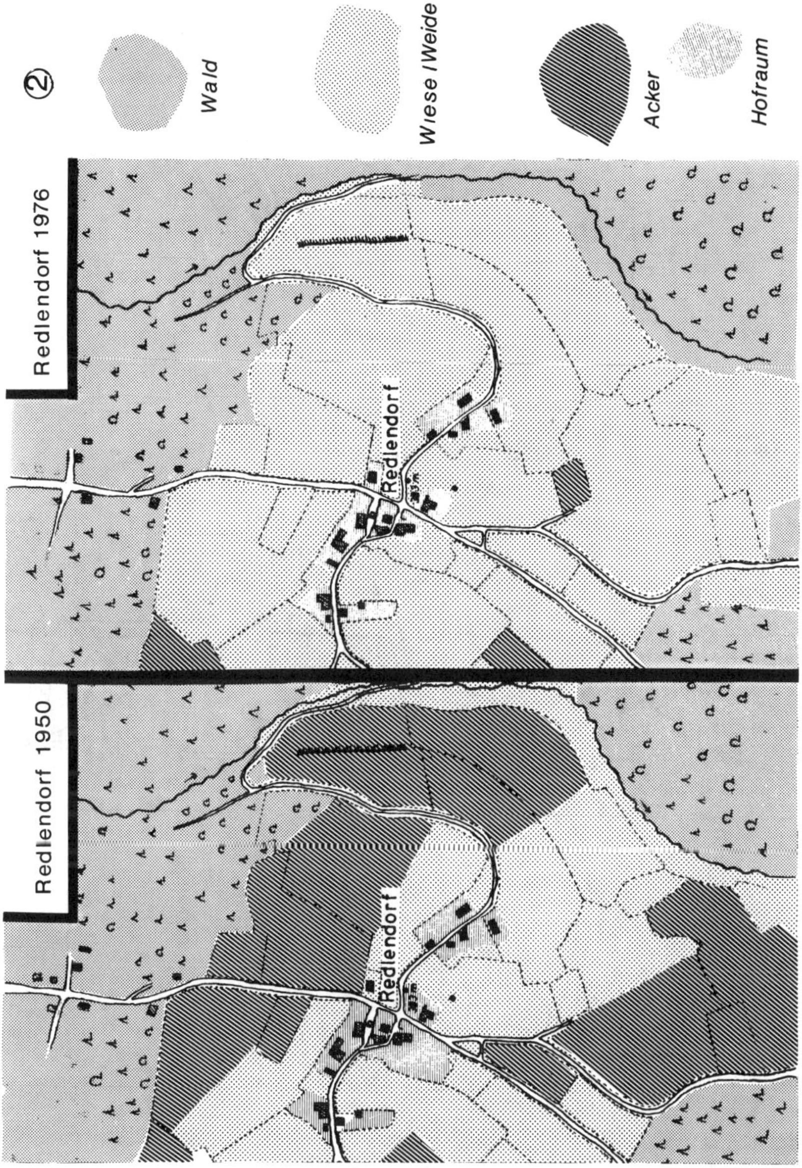

Anlage 2: □**Landnutzungskartierung Redlendorf 1950 und 1976**

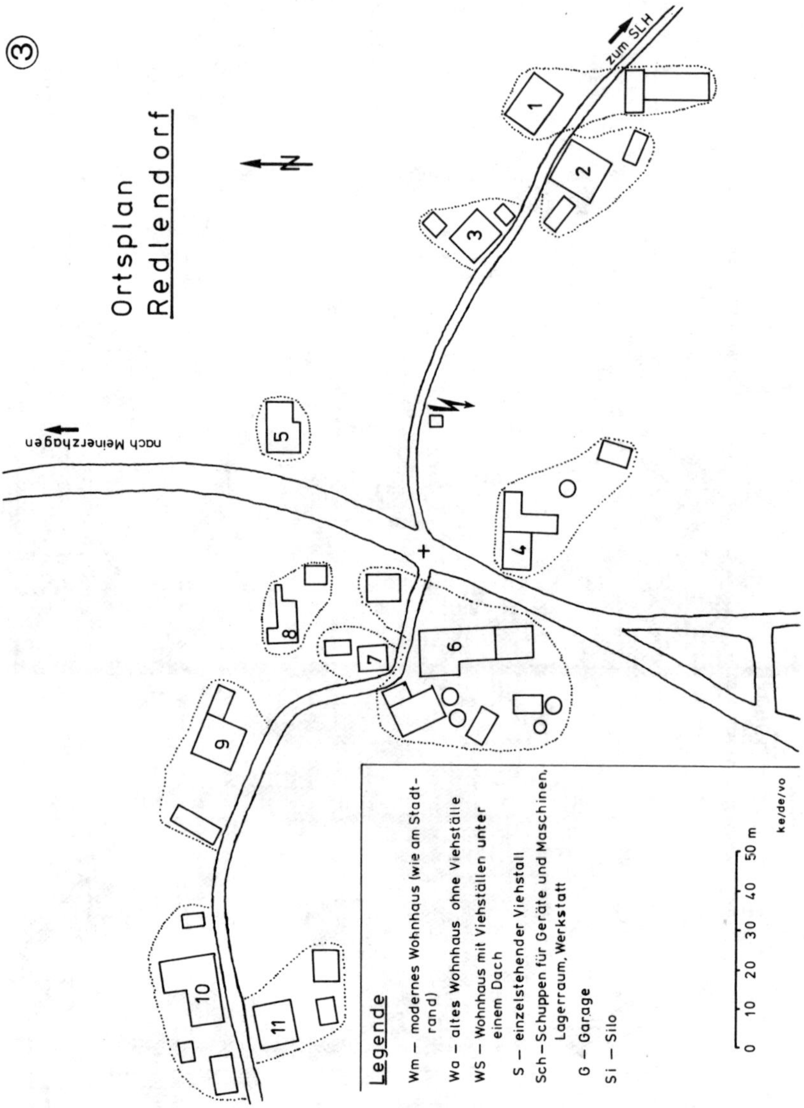

Anlage 3: □ **Ortskartierung Redlendorf**

Anlage 4: **Aufgaben zum Ortsplan Redlendorf**

Die Zahlen 1 bis 11 kennzeichnen die Anwesen (Häuser mit Nebengebäuden).

Aufgabe 1:

In dem Ort Redlendorf gibt es verschiedene Arten von Gebäuden. Trage die Nutzung der einzelnen Gebäude in den Ortsplan ein. Benutze die Abkürzungen der Legende!

Aufgabe 2:

Kennzeichne die Gebäude, in denen Vieh (auch Federvieh) gehalten wird mit einem *!

Aufgabe 3:

Trage die Nummern der Anwesen in die entsprechende Spalte der folgenden Tabelle ein:

Anwesen ohne Landwirtschaft	Anwesen mit *landwirtschaftlichem Betrieb* (Voll- oder Nebenerwerbsbetrieb)

Aufgabe 4:

In Redlendorf gibt es noch einen Hof, der ausschließlich von der Landwirtschaft lebt (= Vollerwerbsbetrieb).

Welche Nummer trägt er? [ ]

Anlage 5: **Lernziele zum Thema „Landwirtschaft" (Primarstufe und Sekundarstufen)**

Aus dem folgenden Lernzielkatalog müssen entsprechend den örtlichen Gegebenheiten und der jeweiligen Altersstufe Lernziele schwerpunkthaft ausgewählt werden.

Die Schüler sollen folgende Einsichten gewinnen:

1. Bauernhöfe können unterschiedlich aussehen

a) große Höfe (mehrere Gebäude) — kleine Höfe

b) alte Höfe — neue Höfe

c) traditionelle Baustoffe — moderne Baustoffe

d) Einzelhöfe (Aussiedlerhöfe) — Höfe in Dorflage

2. Bauernhöfe können unterschiedliche Besitzflächen haben

a) große Besitzflächen — kleine Besitzflächen

b) geschlossene Wirtschaftsflächen — zerstreut liegende Wirtschaftsflächen

c) eigenes Land — Pachtland

d) landwirtschaftliche Nutzfläche (LNF) — Wald — Ödland

3. Ein Bauernhof ist ein Produktionsbetrieb

a) gemischte Produktion — spezialisierte Produktion

b) Vollerwerbsbetrieb — Nebenerwerbsbetrieb

c) Handarbeit — Mechanisierung

d) Familienbetrieb — Familienbetrieb mit fremden Arbeitskräften (evtl. saisonal) — Kollektivbetrieb

e) genossenschaftliche Organisationsformen: Bezug und Absatz — Maschinenringe — Betriebshilfsdienst — Urlaubsvertretung

4. Ein landwirtschaftlicher Betrieb ist abhängig von den natürlichen Standortbedingungen

a) Bodenqualitäten („gute" Böden — „schlechte" Böden)

b) Wetter und Klima („günstiges" Wetter/Klima — „ungünstiges" Wetter/Klima)

c) Reliefbedingungen (für die Bewirtschaftung mit modernen Maschinen geeignet — ungeeignet)

5. *Ein landwirtschaftlicher Betrieb ist abhängig von den funktionalen Standortbedingungen*

a) räumliche Absatz- und Bezugsbedingungen

b) Arbeitskräftepotential (Bevölkerungsdichte, Konkurrenzdruck durch außerlandwirtschaftliche Erwerbsmöglichkeiten)

6. *Die Arbeit in der Landwirtschaft wird stark gesteuert von tages- und jahreszeitlichen Rhythmen*

a) Tageslängen

b) Witterung

c) Wachstums- bzw. Aufzuchtphasen

7. *Das Bild der Landwirtschaft wird von (nationalen und supranationalen) agrarpolitischen Maßnahmen mitbestimmt*

a) Preisfestsetzungen

b) Subventionierung von Produkten

c) Subventionierung von Betriebsinvestitionen

d) Flurbereinigung, Melioration, Wegebau

e) fachliche Beratung

8. *Sozialpolitische Gesichtspunkte bestimmen das Berufsbild des Landwirts*

a) gesellschaftliche Stellung (Bedeutung für den Nachwuchs)

b) Arbeitszeitregelung

c) Urlaubsregelung

d) Altersversorgung, Versicherung

e) Vorbildung, Ausbildung, Umschulung

9. *Die landwirtschaftliche Produktion hat eine große wirtschaftliche Bedeutung*

a) volkswirtschaftlicher Wert der landwirtschaftlichen Produktion

b) Sicherstellung der Ernährung

10. *Die Landwirtschaft hat außerwirtschaftliche Funktionen*

a) Landschaftspflege (Offenhaltung von Flächen)

b) Erholungsfunktion („Ferien auf dem Bauernhof“)

11. Die Landwirtschaft greift in den Naturhaushalt ein

a) Auswirkungen von Rodung und Beackerung
b) Auswirkungen der künstlichen Düngung und der Schädlingsbekämpfung
c) Auswirkungen der Verwendung bestimmter Futtermittel

12. Physiognomie und Funktionen des ländlichen Raumes wandeln sich

a) Erholungsfunktion
b) Wohnfunktion
c) gewerbliche Funktion
d) Bodennutzung (Vergrünlandung, Aufforstung, Brache etc.)

Anlage 6: **Kommentar zur Flurkarte Redlendorf**

I. Lernziele zur Nutzungskartierung Redlendorf

Der Schüler soll erkennen, daß in diesem Mittelgebirgsraum

— die landwirtschaftliche Nutzfläche fast ausschließlich aus Grünland besteht
— die landwirtschaftlichen Betriebe auf Viehwirtschaft spezialisiert sind
— die unterschiedliche Bodennutzung auch vom Relief abhängig ist
— aus Ackerland Grünland werden kann (= Rodung)
— aus Grünland Wald werden kann (= Aufforstung)

II. Hinweise zur Bearbeitung der Flurkarte

1. Grünland

Bei Grünland wird unterschieden zwischen Weide und Wiese:

Weide = Grasfläche, die vom Vieh abgeweidet wird,

Wiese = Grasfläche zur Gras- und Heuerzeugung.

Folgende Merkmale weisen darauf hin, daß es sich um eine *Weide* handelt: Zaun (meist Dauerweidezaun), Kuhfladen, unregelmäßige Höhe des abgefressenen Grases.

Die *Wiesen* liegen hier zumeist im flachen Talgrund.

Eines der Ausrufezeichen (das dritte an dem Weg nach Redlendorf) weist auf eine *Schafweide* hin, die an der besonders kurzen Abweidung und an der stacheldrahtfreien Einzäunung zu erkennen ist.

2. Ackerland

Die kammförmige Signatur deutet auf eine alte Ackerterrasse hin.

Ackerterrassen entstehen bei Hangäckern an der unteren Ackergrenze dadurch, daß durch den Wendepflug das Erdreich im Laufe der Jahre talwärts transportiert wird. Die eingezeichnete Ackerterrasse läßt erkennen, daß die heutige Weide früher als Acker genutzt wurde (Hinweis auf Strukturwandel!). Die drei Ausrufezeichen südlich und westlich des Ortes kennzeichnen die letzten Ackerstücke der Redlendorfer Flur.

3. Wald

Zu den gut zu beobachtenden Erscheinungen des Strukturwandels gehören Aufforstung und Abholzung. Im Kartenbild sind die entsprechenden Flächen jeweils durch ein Ausrufezeichen gekennzeichnet: Unterhalb der Höhenangabe 352 m befindet sich westlich des Baches eine Schonung (aus Wiese wird Wald), in nördlicher Verlängerung der Linienführung der Ackerterrasse fällt ein kleines, gerodetes Areal mit Baumstümpfen auf (aus Wald wird Weide).

III. Methodische Hinweise

Den Schülern dient die Flurkarte als eine Kartierungsgrundlage für die Feldarbeit. Im SLH sind Klemmbretter als Schreibunterlagen vorhanden.

Bei der Feldarbeit werden die Beobachtungen mit Hilfe der in der Legende aufgeführten Symbole eingetragen.

Für die Auswertung empfiehlt es sich, gleichartig genutzte Flächen entsprechend farbig zu unterlegen. Der Nutzungswandel wird gut erkennbar durch den Vergleich des Arbeitsergebnisses mit den (historischen) Landnutzungskarten von 1950 und 1976 (vgl. Anlage 2).

Anlage 7: **VORTEST**

Kreuze an und fülle aus:

Schule: ....

Klasse: .... Alter .... Jahre

Junge ☐

Mädchen ☐

1. Bist Du schon einmal auf einem Bauernhof gewesen?

ja ☐ nein ☐

2. Hast Du schon einmal Deine *Ferien* auf einem Bauernhof verbracht?

ja ☐ nein ☐

3. Kreuze an, woher Du etwas über die Landwirtschaft weißt:
   - a) Aus Gesprächen mit Eltern und Freunden ☐
   - b) Aus Besuchen und Gesprächen bei Verwandten oder Bekannten, die einen Bauernhof besitzen ☐
   - c) Aus Kinderbüchern ☐
   - d) Aus Sendungen im Fernsehen oder Radio ☐
   - e) Aus dem Schulunterricht ☐

4. Nenne Tiere, die auf einem Bauernhof häufig gehalten werden:

....

....

5. Nenne Maschinen und Geräte, die ein Bauer häufig benutzt:

....

....

6. Kreuze an, wieviel Arbeitskräfte auf einem modernen Bauernhof leben und arbeiten!

eine Arbeitskraft ☐

zwei Arbeitskräfte ☐

mehr als zwei Arbeitskräfte ☐

7. Du findest hier verschiedene Aussagen über Bauernhöfe.

Wähle bei jeder Aussage aus, für welchen Bauernhof sie zutrifft!

Kreuze jeweils das richtige Kästchen an:	alter Bauernhof (vor etwa 25 Jahren)	moderner Bauernhof
a) Fachwerk- oder Natursteinhäuser	☐	☐
b) wenige große Felder, die nahe bei dem Bauernhof liegen	☐	☐
c) viele *unterschiedliche* Maschinen	☐	☐
d) Wohnung, Stall und Scheune liegen in einem Gebäude	☐	☐
e) Wohnhaus und Stall bestehen aus vorgefertigten Bauteilen	☐	☐
f) Silos sind vorhanden (das sind große Behälter, in denen das Grünfutter haltbar gemacht und aufbewahrt wird)	☐	☐
g) viele unterschiedliche Tierarten, doch von jeder Tierart nur eine geringe Anzahl von Tieren	☐	☐
h) viele kleine Felder, die weit verstreut liegen	☐	☐
i) das Wohnhaus ist abgetrennt von Stall und Maschinenraum	☐	☐
k) Spezialmaschinen	☐	☐
l) nur eine oder wenige Tierarten, jedoch sehr viele Tiere dieser Arten	☐	☐

8. Wie stellst Du Dir das Leben auf dem Lande vor?

Kreuze jeweils an, ob der dort stehende Satz stimmt oder nicht stimmt!

	stimmt	stimmt nicht
a) Auf dem Lande leben nur Bauern und ihre Familien.	☐	☐
b) Die Schulen dort sind alt und unmodern.	☐	☐
c) Die Bauern erzeugen fast alle Lebensmittel, die sie brauchen, selbst.	☐	☐
d) Kinder können auf dem Lande besser spielen als in der Stadt.	☐	☐
e) Die Kinder des Bauern müssen immer bei der Arbeit helfen.	☐	☐
f) Gymnasien sind auf dem Lande kaum zu erreichen.	☐	☐
g) Die Menschen auf dem Lande haben eine stärkere Verbindung zu ihren Nachbarn als die Menschen in der Stadt.	☐	☐
h) Ein Bauer muß gut rechnen, planen und wirtschaften können.	☐	☐

Anlage 8: **NACHTEST**

Kreuze an und fülle aus:

Schule: ....

Klasse: .... Alter .... Jahre

Junge ☐

Mädchen ☐

1. Nenne Tiere, die in einem spezialisierten Grünlandbetrieb gehalten werden:

....

....

2. Nenne die Tierart, die für das Einkommen des Besitzers eines spezialisierten Grünlandbetriebes die größte Bedeutung hat:

....

....

3. Nenne Maschinen und Geräte, die für die Milchwirtschaft benötigt werden:

....

....

4. Was meinst Du: Lohnt es sich für den Besitzer eines spezialisierten Grünlandbetriebes, einen Mähdrescher anzuschaffen?

ja ☐ nein ☐

Begründe Deine Entscheidung!

....

....

....

....

5. Du findest hier verschiedene Aussagen über Bauernhöfe.

Wähle bei jeder Aussage aus, für welchen Bauernhof sie zutrifft!

Kreuze bei jeder Aussage das richtige Kästchen an:

	alter Bauernhof (vor etwa 50 Jahren)	moderner Bauernhof
a) Fachwerk- oder Natursteinhäuser	☐	☐
b) wenige große Felder oder Weiden, die nahe bei dem Bauernhof liegen	☐	☐
c) viele *unterschiedliche* Maschinen	☐	☐
d) Wohnhaus, Stall und Scheune sind in einem Gebäude	☐	☐
e) Wohnhaus und Stall bestehen aus vorgefertigten Bauteilen	☐	☐
f) Silos sind vorhanden	☐	☐
g) viele unterschiedliche Tierarten, doch von jeder Tierart nur eine geringe Anzahl von Tieren	☐	☐
h) viele kleine Felder und Weiden, die weit verstreut liegen	☐	☐
i) das Wohnhaus ist abgetrennt von Stall und Maschinenraum	☐	☐
k) Spezialmaschinen	☐	☐
l) nur eine oder wenige Tierarten, jedoch sehr viele Tiere dieser Arten	☐	☐

6. Was weißt Du über das Leben auf dem Land?

Kreuze jeweils an, ob der dort stehende Satz stimmt oder nicht stimmt!

	stimmt	stimmt nicht
a) Auf dem Lande leben nur Bauern und ihre Familien.	☐	☐
b) Die Schulen dort sind alt und unmodern.	☐	☐
c) Die Bauern erzeugen fast alle Lebensmittel, die sie brauchen, selbst.	☐	☐
d) Kinder können auf dem Lande besser spielen als in der Stadt.	☐	☐
e) Die Kinder des Bauern müssen immer bei der Arbeit helfen.	☐	☐
f) Gymnasien sind auf dem Lande kaum zu erreichen.	☐	☐
g) Die Menschen auf dem Lande haben eine stärkere Verbindung zu ihren Nachbarn als die Menschen in der Stadt.	☐	☐
h) Ein Bauer muß gut rechnen, planen und wirtschaften können.	☐	☐

5 Projekt: Elementare Wetterbeobachtungen

5.1 Begründungen des Themas

5.1.1 Fachdidaktische Begründung

Wetterkundliche Beobachtungen, Beschreibungen und Messungen gehören in den Lehrplänen der meisten Bundesländer zu den Unterrichtsinhalten des Sachunterrichts der Primarstufe vom 2. Schuljahr an. Im Rahmen eines verhaltensorientierten Unterrichts, der sich nicht auf die reine Begrifflichkeit der Zustände und Vorgänge beschränken darf, steht für das Thema Wetterkunde als vorrangiges Richt-Lernziel die Fähigkeit im Vordergrund, Wettererscheinungen und -abläufe im Hinblick auf die Bedeutung für die eigenen Aktivitäten und Entscheidungen des Kindes (Kleidung, Spielmöglichkeiten, Gartenarbeit, Wanderungen, Urlaub etc.) sowie das Leben anderer Menschen (Verkehr, Landwirtschaft, Bauarbeiten, Sportveranstaltungen etc.) zu beurteilen. Neben dem kognitiven Bereich, der in dem beschriebenen Sinne auch prägend für die Bewertung wetterabhängiger Situationen anderer Menschen ist (Dürre, Überschwemmungen, Sturm, starker Schneefall etc.), bietet dieser Themenkomplex eine gute Möglichkeit, instrumentelle Fertigkeiten wie genaues Beobachten, Beschreiben, Messen und das Darstellen und Auswerten von Meßergebnissen einzuüben.

Das im folgenden beschriebene „Projekt Wetterkunde" ist schwerpunktmäßig für Schüler der 4. Klasse konzipiert. In Ergänzung zu der Beschreibung wetterkundlicher Inhalte in den Lehrplänen verstehen sich die Arbeitsmittel und Informationen des Projektes als ein „offenes" Angebot für Schüler und Lehrer. Es soll den herkömmlichen Unterricht durch praktische Erfahrungen der Schüler erweitern oder zumindest vertiefen. Lehrer und Schüler haben die Möglichkeit, ihren Wünschen und Interessen entsprechend differenzierte Zielvorstellungen anzustreben: Die vorhandenen Arbeitsmittel bieten sich für eine kontinuierliche Sammlung und Auswertung von Wetterdaten während der gesamten Dauer des Aufenthaltes ebenso an wie für die schwerpunktmäßige Messung einzelner Wetterelemente in einem kurzen Zeitraum.

5.1.2 Standörtlich-instrumentelle Begründung

Gegenüber der Halbtagsschule besteht in der Situation des ganztägigen Zusammenseins im Schullandheim eine bessere Ausgangsposition für die Wetterbeobachtung, da das Wettergeschehen kontinuierlich erfaßt werden kann. Die Aktivitäten der Schüler und ihre Konzentration auf ein Lernfeld werden nicht stundenplanmäßig eingeengt. Dies schafft positive Bedingungen sowohl der sachlichen Motivation als auch der Erziehung zur Eigenverantwortlichkeit.

Außer den günstigeren organisatorischen und pädagogischen Bedingungen bietet das Schullandheim oft auch eine bessere quantitative und qualitative Ausstattung mit Arbeitsmaterialien und Meßgeräten als die Schulen. Wegen der effektiveren Nutzungsmöglichkeit der Instrumente im Schullandheim sollten die Schulträger teure Geräte wie Sonnenscheinschreiber, Thermohygrographen und Windmesser dort zentral bereitstellen.

5.2 Beschreibung der entwickelten Arbeitsmittel

5.2.1 Informationsmaterial für den Lehrer

Blatt: Hinweise zu wetterkundlichen Messungen und Beobachtungen im Schullandheim (Anlage 10)

Das Blatt informiert kurz über die besonderen Voraussetzungen für wetterkundliche Messungen im Schullandheim und gibt Hinweise zu den Beobachtungsmöglichkeiten und ihre weiterführende Auswertung im Schulunterricht.

Blatt: Ausstattung des Schullandheims mit wetterkundlichen Meßinstrumenten (Anlage 11)

Neben einer Zusammenstellung der vorhandenen Instrumente steht dem Lehrer eine Beschreibung der Meßpunkte zur Verfügung, die innerhalb des Schullandheim-Geländes als feststehende Meßstationen aufgebaut werden bzw. bei Bedarf eingerichtet werden können.

Blatt: Auswahl-Lernzielkatalog zum Themenbereich „Wetter und Klima in der Primarstufe“ (Anlage 9)

Der Katalog der formulierten Richt-, Grob- und Feinlernziele trägt einen offenen Charakter, d. h. der Lehrer kann aus ihm einzelne Lernziele auswählen oder die Liste um weitere Zielvorstellungen ergänzen. Somit besitzt die Zusammenstellung die Funktion einer Orientierungs- und Reflexionshilfe für den Lehrer, wobei die einzelnen Lernziele erst aus dem Vergleich mit der Ausgangs- und Interessenlage der Klasse ihren methodischen Stellenwert im Gesamtzusammenhang des Projektes gewinnen.

Sammelmappe der Bedienungsanleitungen der Instrumente und Literatur

Die Bedienungsanleitungen von Präzisionsinstrumenten wie Sonnenscheinschreiber, Thermohygrograph und Aspirationspsychrometer (zur genauen Bestimmung der Luftfeuchte) sind zur Information der Lehrer in einer Mappe zusammengefaßt, da man nicht voraussetzen kann, daß die Handhabung in jedem Fall bekannt ist.

Als Informationsquelle stehen den Lehrern neben fachwissenschaftlichen Lehrbüchern weitere, mehr populärwissenschaftliche Taschenbücher zur Verfügung. Darüber hinaus sind die meisten der vom Deutschen Wetterdienst herausgegebenen „Wetterkundlichen Lehrmittel" und Informationsblätter in einem Ordner zusammengestellt.

5.2.2 Arbeitsmaterial für den Schüler

Fragebogen: Vorwissen zum Themenbereich Wetterkunde [10]) (Anlage 12)

Der „Vortest" soll dem Lehrer bereits vor dem Schullandheimaufenthalt Erkenntnisse über den Wissensstand der Schüler sowie über das erreichte Beziehungsdenken im wetterkundlich-klimatischen Bereich vermitteln.

Im Rahmen des Modellversuchs war der Bogen für die Auswertung durch die elektronische Datenverarbeitung (EDV) bestimmt und entsprechend vorsigniert.

Wetterbeobachtungsbogen (Anlage 13)

Der Wetterbeobachtungsbogen für die Hand des Schülers dient der Eintragung der täglich gemessenen Werte (Temperatur, Niederschläge, Bewölkung, Windstärke und Windrichtung etc.). Darüber hinaus können die Meßwerte an einer in gleicher Weise aufgeteilten Wandtafel zusammengestellt werden. Die dort festgehaltenen Werte dienen der *gemeinsamen* Auswertung und besitzen u. a. eine Ergänzungsfunktion für unvollständig ausgefüllte Beobachtungsbögen einzelner Schüler.

Wolkentafeln

Die Wolkentafeln des Deutschen Wetterdienstes (Wetterkundliche Lehrmittel Nr. 9) wurden im Klassensatz beschafft. Die Tafeln enthalten 32 farbige Wolkenbilder mit Beschreibungen. Die Schüler erhalten darin Hinweise für das Ansprechen der verschiedenen Wolkenformen.

Zur Herstellung eines überschaubaren Arbeitsmittels empfiehlt es sich, aus der Vielzahl der Wolkenbilder etwa 4—8 Wolkentypen auszuwählen, aus der Bildtafel auszuschneiden und auf einen festen DIN A 4-Karton zu kleben (z. B. 1. Hohe Federwolken: Cirrus; 2. Haufenwolken: Cumulus; 3. Schichtwolken: Stratus; 4. Schwarze Regenwolke: Nimbus).

Diapositive und Folien

Der bildhaften Unterstützung bei der Erklärung und Beurteilung beobachtbarer Wettererscheinungen wie Regen, Wind, Verdunstung, Wolkenbildung sowie zur Vermittlung erster Einblicke in großräumige klimatologische Beziehungen stehen Diaserien mehrerer Verlage sowie verschiedene Transparent-Folien zur Verfügung.

Registrierstreifen

Um in der Auswertungsphase einen Vergleich der Temperatur- und Luftfeuchtigkeitsentwicklung während des eigenen Schullandheimaufenthaltes mit Werten der vorausgegangenen Tage oder Wochen durchführen zu können, werden alle Registrierstreifen in einer Sammelmappe aufbewahrt. Zu dieser Sammelmappe gehören auch alle Meßstreifen des Sonnenscheinschreibers.

Um eine genaue Zuordnung der Wetterdaten zu bestimmten Jahreszeiten, Wochen oder Tagen zu ermöglichen, muß darauf geachtet werden, daß die Streifen vor der Ablage mit dem entsprechenden Datum versehen werden.

Meßinstrumente:

Der Vorteil einer Bearbeitung des praktisch-instrumentellen Anteils zum Thema Wetterkunde im Schullandheim liegt u. a. in der besseren Ausstattung mit Meßinstrumenten gegenüber der Schule. Das Schullandheim Meinerzhagen besitzt beispielsweise folgende Meßinstrumente:

— 80 *Schüler-Hülsenthermometer* (zwei Klassensätze) als Grundlage für die Durchführung eigener Messungen;

— 5 *feststehende Thermometer* an verschiedenen Geländepunkten für den Vergleich mit eigenen Meßergebnissen, davon 2 Großthermometer von 50 cm Länge;

— 4 *Minimum-Maximum-Thermometer*, die Aufschluß über die täglichen Extremtemperaturen vermitteln;

— 3 *Niederschlagsmesser;*

— 2 *Erdbodenthermometer* (1 und 10 cm unter der Bodenoberfläche) zum Nachweis von Temperaturschichten im Erdboden;

— 1 *Wasser-Senkthermometer* zur Bestimmung der Schichtung von Wassertemperaturen;

— 5 *Verdunstungsmesser,* System Piche;

— 1 *Thermohygrograph* mit 7-Tage-Laufwerk, der Temperatur und Luftfeuchte kontinuierlich erfaßt und eine gute Einordnung der punktuell gemessenen Werte durch die Schüler darstellt;

— 1 *Barometer;*

— 1 *Sonnenscheinschreiber,* der mit Hilfe eines Brennglases die Zeiten der Besonnung auf einem Papierstreifen festhält;

— 1 *Schalen-Windmesser,* der die Windgeschwindigkeit in m/s und die im Beobachtungsbogen beschriebenen Windstärken angibt;

— 1 *Höhenmesser;*

— 5 *Kompasse;*

— 1 *Aspirationspsychrometer* (Gerät zur genauen Bestimmung der Luftfeuchte), mit dessen Hilfe durch den Lehrer oder die Betreuer der Hygrograph geeicht werden kann.

5.3 Beschreibung des Projektrahmens

5.3.1 Vorbereitung des Projektes in der Schule

Bei der Frage nach der unterrichtlichen Vorbereitung des Projektes wird der Lehrer berücksichtigen müssen:

— den bisherigen Unterricht zur Wetterkunde

— die vorliegenden Projektmaterialien und die in ihnen angesprochenen Zielsetzungen und

— die Ergebnisse des Vortestes.

Der Vortest trägt nicht nur dazu bei, die Lernausgangslage der Schüler zu klären, sondern er kann auch als motivierender Einstieg in die Projektarbeit dienen, wenn ungelöste oder nicht richtig gelöste Aufgaben bei den Schülern zu einer entsprechenden Fragehaltung führen.

Zur thematischen Vorbereitung bieten sich zum Beispiel im Rahmen einer Wiederholung und Vertiefung an:

- Die Beobachtung und Bezeichnung bekannter Wetterelemente (z. B. Sonnenschein, Regen, Schnee, Wind, Bewölkung, Wärme, Kälte etc.) und ihre Folgen für das Verhalten des Menschen.
- Kennzeichnung verschiedener Wetterabläufe (z. B. „Schlechtwetterwolken" bringen meist Niederschläge, bei Sonnenschein verdunstet der Niederschlag und die Straße trocknet ab etc.).
- Informationen darüber, daß Wettererscheinungen nicht nur beobachtet und beschrieben, sondern mit Instrumenten auch gemessen werden können.
- Hinweis auf die Möglichkeit, daß die verschiedenen Wettererscheinungen im Schullandheim mit genau arbeitenden Instrumenten erfaßt werden können.
- Auswertung einer Wetterkarte (Hinweis auf die Angaben der Fernsehwetterkarte und die täglich in den Nachrichtensendungen ausgestrahlten Wettersatellitenbilder).
- Erstellen eigener Wetterprognosen und ihre Überprüfung am folgenden Tag.

5.3.2 Durchführung des Projektes während des Aufenthaltes im Schullandheim

Eine günstige Ausgangslage für die Projektarbeit ergibt sich dann, wenn die Schüler durch die Begegnung mit den im Bereich des Schullandheims vorhandenen Meßpunkten und Instrumenten dazu angeregt werden, Wettermessungen durchzuführen. War in der Schule keine oder nur eine geringe Vorbereitung auf den Themenbereich möglich, so nehmen viele Schüler die einzelnen Meßpunkte erfahrungsgemäß kaum wahr oder erkennen ihren Sinn nicht. In diesen Fällen sollte der Lehrer die Klassen auf diese Einrichtungen aufmerksam machen, um zumindest eine Gruppe von Schülern für die Wetterbeobachtung zu interessieren. Dazu trägt vor allem die Beschreibung und Erklärung der Funktion der installierten, wenig bekannten Meßgeräte wie Regenmesser, Thermohygrograph, Barometer und Sonnenscheinschreiber bei. Die Erläuterung der Aufgabe der Instrumente sowie ihrer Arbeitsweise und Ablesemöglichkeiten sollte im erarbeitenden Gespräch geschehen, da die Schüler so die Möglichkeit erhalten, eigene Vermutungen, eigenes Beziehungsdenken und schon vorhandenes wetterkundliches und technisches Wissen zur Klärung der Sachfragen einzubringen.

Im Anschluß an die Einführung erhalten alle Schüler, die freiwillig an der Wetterbeobachtung teilnehmen möchten, einen Wetterbeobachtungsbogen und leihweise ein Hülsenthermometer. Zu beiden Arbeitsmitteln sind weitere Erklärungen notwendig:

Zunächst muß die *Handhabung des Thermometers* vor Beginn der selbständigen Schüler-Messungen eingeübt werden. Die Schüler erhalten die Information, daß sich alle Angaben über Lufttemperaturen in den Wetterberichten auf die international übliche Meßhöhe von 2 m über dem Erdboden beziehen, gemessen in einer Wetterhütte. Da sowohl von der Höhe als auch von der Beschattung her diese Verhältnisse für die Schülermessungen nicht gegeben sind, schwenkt man das Thermometer ersatzweise ca. 1 Minute hoch über dem Kopf und liest danach den Meßwert schnell ab. Um den Einfluß der Körperwärme weitgehend auszuschließen, faßt man das Thermometer am äußeren Ende der Hülse an (nicht am Quecksilberreservoir!) und schwenkt es möglichst körperfern.

Der Lehrer demonstriert dies, ehe die Schüler auf die beschriebene Art messen und dann die Werte vergleichen. Voneinander abweichende Werte, die nicht auf Fehlmessungen beruhen, müssen durch entsprechende Eichungen harmonisiert werden. Dazu klebt man auf die genau anzeigenden Thermometer einen Streifen Heftpflaster und markiert darauf den Wert, der entweder hinzu- oder abgezogen werden muß (Beispiel: + 1° C). Als „neutraler Richtwert“ kann in Zweifelsfällen die Temperatur des Thermohygrographen oder eines freistehenden beschatteten Thermometers an einem der Meßpunkte dienen.

Bei der *Erklärung des Wetterbeobachtungsbogens* geht man am besten zunächst auf Schülerfragen ein: Schwierigkeiten bereitet den Schülern vor allem die Einschätzung des Bewölkungsgrades bei wechselndwolkigem Wetter, da die Viertel-Symbole für Grundschüler zunächst eine zu starke Abstraktion von den zu beobachtenden Verhältnissen darstellen. Als Hilfe hat sich der Hinweis erwiesen, sich vor der Beurteilung einmal langsam mit Blick zum Himmel um sich selbst zu drehen und sich danach vorzustellen, daß man alle vorhandenen Wolken zusammenschieben könnte. Der Anteil, den die Wolkendecke dann im Gesichtskreis ausfüllt (z. B. die Hälfte), wird im entsprechenden Kreisfeld des Beobachtungsbogens eingezeichnet.

Unter der Rubrik „Sonstiges“ können von den Schülern entweder im Bogen nicht aufgeführte Beobachtungsgesichtspunkte zur Sonnenscheindauer, Luftfeuchte, Bodentemperatur etc. oder besondere Wettererscheinungen wie starke Regenfälle, Nebel, Blitz, Glatteis festgehalten werden. Auch die mit Hilfe des zweiten Beobachtungsbogens vorgenommene Einschätzung der Windstärke läßt sich hier verzeichnen.

Am Abend eines jeden Tages werden die ermittelten Meßwerte und Beobachtungen in eine große Wettertafel übertragen. Bei abweichenden Meßergebnissen finden die am häufigsten genannten Werte Berücksichtigung oder, falls das Verständnis dafür schon vorhanden ist, der jeweilige Mittelwert.

Die Eintragung der Meßwerte in die große Wetterbeobachtungstafel ist von besonderer Wichtigkeit. Einmal besitzt jeder Schüler nun die Möglichkeit, seine Werte mit den „offiziellen" Werten zu vergleichen und evtl. fehlende Werte nachzutragen und Falsches zu korrigieren. Zum anderen kann diese Dokumentation den einen oder anderen Schüler, der bisher nicht am Projekt teilgenommen hat, dazu motivieren, sich noch an den weiteren Wetterbeobachtungen zu beteiligen. Schließlich ermöglicht die Tafel eine erste gemeinsame Auswertung der Meßergebnisse, auf deren Grundlage auch eine Wetterprognose für den nächsten Tag erstellt werden kann. Unter Umständen ergibt sich in diesem Zusammenhang die Möglichkeit, die eigene(n) Wetterprognose(n) mit der des Fernsehens oder des Rundfunks zu vergleichen. Am nächsten Abend wird die Prognose erörtert: bei abweichendem Wetterverlauf wird die Frage nach den Ursachen gestellt und diskutiert. Eventuell können neben den Lehrerinformationen die Erklärungen des Meteorologen der Fernsehwetterkarte weiteren Aufschluß geben. Dabei können die Schüler erfahren, wie schwierig eine genaue Wettervorhersage ist. Außerdem können sie das örtliche Wettergeschehen mit großräumigen Wettervorgängen vergleichen.

Bei der täglichen Auswertung reichen zumeist 5—10 Minuten aus. Wichtig ist, daß der Schüler die Aussagen einzelner Beobachtungs- und Meßergebnisse bedenkt und die unmittelbaren Ursachen und Wirkungen sieht (Beispiele: aufziehende Bewölkung und einsetzender Niederschlag, Frost und Reif etc.). Interessierte Schüler können angeregt werden, Ergebnisse in einfacher Weise graphisch darzustellen und die Zeichnungen an die Wetterbeobachtungstafel zu heften.

Für den Fall, daß am *Schulstandort* eine andere Klasse ebenfalls Wettermessungen vornimmt, bietet sich ein telefonischer Austausch und Vergleich von Wetterdaten an. Entsprechende Vereinbarungen sollte der Lehrer vorher mit seinen Kollegen treffen.

Man wird immer wieder beobachten können, daß Schüler neben den täglich wiederkehrenden, gezielten Messungen und Beobachtungen am Schullandheim spontan Temperaturmessungen vornehmen. Unter gelände- und kleinklimatischen Gesichtspunkten lassen sich darüber hinaus auf Erkundungswanderungen Temperaturmessungen an verschiedenen Standorten zueinander in Beziehung setzen: die Lufttemperaturen im Wald, über einer Wiese und einer Straße oder die Bodentemperaturen in 0—1 cm Tiefe in unbedecktem Boden und in einem Getreidefeld. Starke Reliefunterschiede erlauben außerdem den Vergleich von Lufttemperaturen in verschiedenen Höhenlagen.

Bei der Auswertung dieser punktuellen Messung steht die Betrachtung der Abhängigkeiten der Meßwerte von den Standortbedingungen im Vordergrund.

5.3.3 Nachbereitung des Projekts in Schullandheim und Schule

Schon nach drei bis fünf Tagen kontinuierlicher Wetterbeobachtung kann sich im Zusammenhang mit der kurzen täglichen Interpretation der Ergebnisse ein erster Überblick zum Ablauf des Wettergeschehens ergeben. Die Auswertungen im Schullandheim sollten sich jedoch nur auf die Formulierung der sich aus den Meßreihen spontan ergebenden Erkenntnisse beschränken; die Freude an der eigenen „forschenden Tätigkeit“ darf nicht durch unbedachte Verschulung verloren gehen!

Die Auswertung der Meßreihen im Schullandheim kann sich auf die Darstellung der Meßwerte in Säulen- und Kurvendiagrammen, das Errechnen eines Temperatur-Mittelwertes oder die genaue Protokollierung auffälliger Wettererscheinungen (Hagel, Gewitter, Regenbogen) beziehen. Auch ein Vergleich des aktuellen Meßstreifens des Thermohygrographen mit den Temperatur- und Luftfeuchteregistrierungen einer vorhergehenden Meßperiode gehört zu dieser Auswertungsphase.

Der Transfer der Ergebnisse auf großräumige Verhältnisse und Zusammenhänge verlangt eine Vielzahl von Arbeitsmitteln, wie thematische Karten (Atlas), Statistiken, Klimadiagramme, Bildmaterial, deren Auswertung durch die Schüler viel Zeit und Konzentration erfordern. Deshalb sollte diese Arbeitsphase in den anschließenden Schulunterricht verlegt werden.

Die Nachbereitung in der Schule umfaßt

— die Aufarbeitung der Ergebnisse der Wetterbeobachtung im Schullandheim unter besonderer Berücksichtigung der Kenntnisse, Aufzeichnungen und Darstellungen derjenigen Schüler, die aktiv am Projekt teilgenommen haben und

— die Übertragung der Erkenntnisse auf großräumige Verhältnisse.

In der ersten Phase sollten die vorhandenen Unterlagen allen Schülern der Klasse, etwa durch Projektion einzelner auf Folie oder Matrizen übernommener Meßdaten und Graphiken oder durch Aufhängen an der Pinnwand, zugänglich gemacht werden. Die gemeinsame Auswertung der Daten im Unterrichtsgespräch, in Einzel-, Partner- und Gruppenarbeit zielt darauf ab, eine gemeinsame Grundlage zu erarbeiten, auf der die folgende Übertragung der Erkenntnisse aufbaut.

Als Hausaufgabe bieten sich Arbeitsaufträge wie die Illustration bzw. die Umsetzung einzelner Beobachtungen, Meßergebnisse und Erkenntnisse durch Zeichnungen, Skizzen, Graphiken, Photos, Wetterberichte und -karten aus Zeitungen an. Die Ergebnisse der Projektarbeit und ihre Veranschaulichungen sollen von jedem einzelnen Schüler in einer Sammelmappe zusammengestellt werden.

Das Feld des Transfers bezieht sich in der Grundschule auf erste Erkenntnisse und Aussagen über jahreszeitliche Regelhaftigkeiten großräumiger Klimaerscheinungen. Dabei steht die Betrachtung der Auswirkungen auf das Leben und die Wirtschaftsweise des Menschen (Abhängigkeiten und Anpassungsmaßnahmen bei Wohnung, Kleidung, Versorgung, Arbeit, Landwirtschaft etc.) im Vordergrund eines auf Beurteilungsfähigkeit hin bezogenen Unterrichts. Zu den schwierigsten Phasen gehört dabei die Schaffung des Verständnisses für die Bedeutung von Mittelwerten. Geht man jedoch von den eigenen Messungen aus und bestimmt zunächst die Temperaturmittelwerte für einzelne Tage und eine Woche, besteht für die Einführung von Monats- und Jahresmittelwerten bei den Schülern bereits der notwendige Vorstellungshintergrund.

Während sich die Thematik in der ersten Phase des Transfers im wesentlichen auf den klimatischen Erfahrungsbereich der Schüler bezieht, sollte zum Vergleich auch auf die davon verschiedenen Verhältnisse in einer anderen Klimazone eingegangen werden. Über die jeweils dort vorhandenen Lebens- und Wirtschaftsbedingungen besitzen die Schüler meist ungeordnete Kenntnisse, die auf Darstellungen in den Medien, vor allem des Fernsehens, basieren.

Ein weiterer Bereich des Transfers findet sich in der Vertiefung des Verständnisses der (einfach gehaltenen Fernseh-) Wetterkarte und der damit verbundenen Wettervorhersage. Dabei sollte die Bedeutung der dort enthaltenen Symbole (Hoch, Tief, Warmfornt, Kaltfront, Windrichtung und -stärke etc.) geklärt werden. Auf Möglichkeiten und Grenzen der Wettervorhersage kann im Zusammenhang mit den eigenen Prognoseversuchen im Schullandheim eingegangen werden.

5.4 Ergebnisse der begleitenden Untersuchung

5.4.1 Auswertungen des Vortests: Vorwissen der Schüler

Der Fragebogen wurde in mehr als 600 Exemplaren an 4. Schuljahre ausgegeben und in 246 Fällen bearbeitet an die Projektgruppe zurückgesandt. Die Rücklaufquote betrug damit ca. 40 %. Unter den 246 Schülern befanden sich 113 Mädchen und 133 Jungen. Im folgenden wird das Antwortverhalten zu jeder Aufgabe [11]) dargestellt und, soweit im Einzelfall möglich, interpretiert [12]):

Frage 1: „Wolkendecke"

Durchschnittlich beantworteten 74,4 % aller Schüler die Frage nach Merkmalen einer Wolkendecke richtig. Trotz der hohen Ratewahrscheinlichkeit von 33,3 % kann man davon ausgehen, daß zu diesem Begriff bei den meisten Schülern ein konkreter Vorstellungshintergrund besteht.

Frage 2: „Niederschlag"

54,1 % der Schüler erkannten alle angegebenen Erscheinungsformen des Niederschlages. Es fällt allerdings auf, daß Schnee von einem Drittel der Schüler (33,4 %) nicht als „Niederschlag" erkannt wurde.

Frage 3: „Folgeerscheinungen des Frostes"

Nur G = 17,4 % beantworteten die Frage nach den Auswirkungen von Frosttemperaturen fehlerlos. Als Begriff der größten Trennschärfe zwischen richtigen und falschen Lösungen erwies sich der „Reif", der als Kategorie insgesamt von einem Viertel der Schüler (G = 24,7 %) als Folgeerscheinung des Frostes genannt wurde. Dagegen erreichten „Glatteis" (G = 57,9 %) und „Schneefall" (G = 51,1 %) zwar einen höheren Zuordnungsgrad, doch fällt dieser insgesamt relativ gering aus. Dies ist ein Hinweis darauf, daß die entsprechenden Erfahrungen im Hinblick auf Ursachen und Wirkungen bewußt gemacht werden müssen.

Frage 4: „Windfolge"

Mit insgesamt 24 Kombinationsmöglichkeiten bei der Stufung der aufgeführten Luftbewegungen nach ihrer Intensität ist die Ratewahrscheinlichkeit bei dieser Aufgabe sehr gering. Die richtige Lösung (3-4-5-2-1) wurde von 58,9 % der befragten Schüler erkannt (J = 70,7 %; M = 45,1 %).

Eine zweite Kombination (4-3-5-2-1) ist mit 13,8 % vertreten; hier wurden die Begriffe ‚Sturm‘ und ‚Böe‘ verwechselt. Addiert man das Ergebnis der zweiten Kombination zum Ergebnis der ersten Kombination, erhält man 72,7 % richtige Lösungen. Die Addition erscheint gerechtfertigt, da die Zuordnung des Begriffs ‚Böe‘ nicht ganz eindeutig ist. Damit ergibt sich, daß die Zuordnung der Phänomene den meisten Schülern geläufig ist.

Frage 5: „Kreislauf des Wassers“

Die angesprochene Abfolge im Kreislauf des Wassers von der Wolkenbildung bis zur Verdunstung ist überwiegend unklar: Die richtige Kombination (2-3-1-4) wurde von 31,7 % der Schüler erkannt (J = 37,6 %; M = 24,8 %). Da der Begriff der ‚Nässe‘ von den Schülern nicht eindeutig zuzuordnen ist, kann auch die Kombination (3-2-1-4) als richtig einbezogen werden. Dadurch erhöht sich die Lösungsquote zwar auf 52,0 %, doch das Ergebnis zeigt, daß dieser Themenkomplex bei etwa der Hälfte der Schüler einer weiteren Klärung bedarf.

Frage 6: „Beziehung zwischen Meereshöhe und Lufttemperatur“

Diese Frage nach der Abhängigkeit der Lufttemperatur von der Meereshöhe wurde von 86,2 % der Schüler (M = 83,2 %; J = 88,7 %) richtig beantwortet. Entsprechendes Wissen kann also vorausgesetzt werden.

Frage 7: „Tagesgang der Sonne im Vergleich zwischen Sommer- und Winterhalbjahr“

Die Zuordnung des niederen Tagesganges der Sonne im Winter und des hohen Tagesganges im Sommer wird von jeweils zwei Dritteln der Schüler (Winter: 65,0 %; Sommer: 65,9 %) richtig beantwortet.

Frage 8: „Tagesgang der Lufttemperaturen nach Jahreszeiten“

Die richtigen Zusammenhänge des Temperaturverlaufs eines Frühlingstages wurden von 56,5 % der Schüler erfaßt. Nach Geschlechtern aufgeschlüsselt betrug die relative Lösungshäufigkeit bei den Jungen 67,7 % und bei den Mädchen 43,4 %. Während das Ergebnis im ersten Fall als zufriedenstellend bezeichnet werden kann, müßte — insbesondere bei den Mädchen — das Erkennen der Beziehung zwischen Tagesgang der Lufttemperaturen und Jahreszeit vertieft werden.

Frage 9: „Kenntnis von Symbolen der Fernsehwetterkarte“

Die drei Symbole für Schneefall, Windstärke und -richtung sowie Kaltfront werden nur von 14,2 % der Schüler vollständig erkannt. Aus den Antworten geht hervor, daß die richtige Zuordnung der Begriffe zu einzelnen Symbolen um so mehr abnimmt, je abstrakter die Darstellung der Karteninhalte wird: Das Schneesymbol wird von 81,7 % der Schüler erkannt, das für Windstärke und -richtung von 60,2 %, das für die Grenze kalter Luftmassen nur noch von 25,2 %. Die Ergebnisse bezeugen die Notwendigkeit, durch Unterricht die Fähigkeit zu fördern, eine Wetterkarte lesen zu können.

Die einzelnen Inhalte des Fragebogens beziehen sich schwerpunktmäßig auf wetterkundliche Lernbereiche, die bis zum 4. Schuljahr in den Richtlinien aufgeführt werden. Die dargestellten Ergebnisse sind Durchschnittswerte, von denen das Leistungsvermögen einer einzelnen Klasse je nach den dort gegebenen individuellen Lernbedingungen abweichen kann. Als Maßstab für die Einschätzung der Leistung einer Klasse als „zufriedenstellend“ kann man aufgrund bisheriger Ergebnisse von Untersuchungen zur Lerneffektivität lernzielorientierten Unterrichts ein Lösungsverhalten von etwas mehr als der Hälfte bis zu zwei Dritteln ansehen [13]). Prozentsätze über 66 % könnte man als „sehr zufriedenstellend“ und unter 50 % als „ausreichend“ klassifizieren [14]).

Werden diese Näherungswerte bei der Bewertung des gesamten Befragungsergebnisses zugrunde gelegt, so kann man feststellen, daß die Schüler ein ausbaufähiges Grundwissen besitzen, denn die Aufgaben werden im Durchschnitt zu 56,6 % richtig beantwortet.

Eine nach Aufgabenstrukturen durchgeführte differenzierte Betrachtung der Ergebnisse macht hauptsächlich auf zwei Tendenzen aufmerksam, die zwar nicht zuletzt aus der Allgemeinen Entwicklungspsychologie her bekannt sind, deren Bewußtmachung in diesem Zusammenhang jedoch als wichtig erscheint:

— Die Kenntnis konkreter Begriffe, z. B. „Wolkendecke“ (G = 74,4 %), und wirklichkeitsnaher Symbole, z. B. „Schneefall“ (G = 81,7 %), ist wesentlich ausgeprägter vorhanden als der Vorstellungshintergrund zu Oberbegriffen, wie z. B. „Niederschlag“ (G = 54,1 %), und zu abstrakten Symbolen, z. B. für „Kaltfront“ (G = 25,2 %).

— Das Verständnis für die weniger anschaulichen Inhalte der Wetterkunde bedarf deshalb einer besonders gründlichen Inhaltsbestimmung, Abgrenzung und Vertiefung, am besten im Zusammenhang mit transferierbaren Beispielen.

— Das Erkennen komplexer Beziehungen bereitet in erster Linie den Mädchen Schwierigkeiten, z. B. „Windfolge" (J = 70,7 %; M = 45,1 %), „Tagesgang der Lufttemperatur" (J = 67,7 %; M = 43,3 %), „Kreislauf des Wassers" (J = 37,6 %; M = 24,8 %).

Solche Differenzen werden meist auf sozialisationsbedingte Unterschiede zurückgeführt. Mädchen erkennen komplexe Zusammenhänge im naturwissenschaftlichen Bereich wahrscheinlich besser, wenn diese Zusammenhänge vor der Gesamtbetrachtung zunächst in überschaubare Einzelbeziehungen aufgelöst werden.

5.4.2 Erfahrungen der Schüler und Lehrer bei der Durchführung des Projekts

Im Rahmen des Modellversuches führten mehr als 20 Klassen mit über 500 Schülern sowie 30 Lehrern und Begleitern das Projekt Wetterkunde durch. Die Kommentare der Schüler wurden in Einzel- und Gruppengesprächen im Schullandheim gesammelt.

Zwischen den Lehrern und der Projektgruppe verlief der Erfahrungsaustausch auf zwei Ebenen:

— in Einzelgesprächen bei häufigen Besuchen von Mitgliedern der Projektgruppe im Schullandheim;

— in gemeinsamen halbjährlichen Sitzungen, zu denen alle Lehrer eingeladen wurden, die sich mit ihren Klassen bereits im Schullandheim aufgehalten hatten oder die dies in der Folgezeit beabsichtigten.

Der ergiebigste Austausch vollzog sich in den *Einzelgesprächen* und *gemeinsamen Diskussionen.* Die persönliche Aussprache mit den Lehrern war besonders wegen des dadurch besser möglichen Einblicks in die Art der Durchführung des Projektes, in die dabei auftretenden Schwierigkeiten und in den gesamten Kontext des sozialen und kognitiven Lernumfeldes der betreffenden Klassen von großem Nutzen. In den Aussagen der Lehrer erfährt das Projekt Wetterkunde einhellig eine große Zustimmung und wird von ihnen als „ideal" für die Durchführung im Schullandheim bezeichnet. In kritischer Wertung einzelner didaktischer Grundannahmen und Vorgaben wird vor allem der Nutzen der bereitgestellten Materialien für die Planung, Durchführung und Nachbereitung des Projektes und die überwiegend gute Ausstattung des Schullandheimes mit Meßinstrumenten hervorgehoben.

Im Rahmen des Konzeptes, dessen Flexibilität die Anpassung an die unterschiedlichen Lernvoraussetzungen erlaube, trifft den Schülerfragebogen über das „Vorwissen zum Themenbereich Wetterkunde" die weitestgehende Kritik. Dieser in der bisherigen Form als „Vortest" bezeichnete Fragebogen wird von den meisten Lehrern als zu schwierig bezeichnet, weil er nach Begriffen und Symbolen fragt, die vielen Schülern noch nicht bekannt sind (z. B. Niederschlag, Verdunstung, Böe, Warmfront).

Diese Kritik ist insofern verständlich, als die für den Fragebogen gewählte Bezeichnung „Vortest" falsche Assoziationen im Hinblick auf die Zielsetzungen der Erhebung weckt: Die Verwendung von lernzielorientierten Tests kann unter pädagogischen Gesichtspunkten nur gerechtfertigt werden, wenn sie sich auf vorher gehaltenen Unterricht bezieht. Die Aufgabe des Fragebogens besteht jedoch nicht darin, Bewertungsinstrument zu sein, sondern er soll den Stand des Vorwissens einer Klasse ohne Rücksicht auf die Herkunft im schulischen oder außerschulischen Bereich erfassen. Unter diesem Aspekt bilden die Aussagen der Lehrer über den Schwierigkeitsgrad des Fragebogens eine zusätzliche wichtige Information: Sie zeigen die Lücken der Schüler im Bereich bestimmter Einzelerkenntnisse, Zusammenhänge und Begrifflichkeiten auf und weisen damit den Weg für die Schwerpunktbildung im Rahmen des Projektes.

Neben der Kritik am Fragebogen wurden auch Verbesserungsvorschläge zur Gestaltung des Wetterbeobachtungsbogens eingebracht. Da die Aufteilung des Bogens in eine Vielzahl von Reihen und Spalten für die Schüler Orientierungsschwierigkeiten mit sich bringt, regten die Lehrer an, einzelne Beobachtungszeilen farbig zu unterlegen, etwa rot für Temperaturen und blau für Niederschläge, um damit ein größeres Maß an Übersichtlichkeit zu erreichen.

Befragungen der Schüler über ihre Bewertung des Projektes stimmen mit den Beobachtungen der Lehrer zum Verhalten der Schüler weitgehend überein. Danach geht von den Instrumenten, der großen Wettertafel und den Arbeitsmaterialien anfangs eine sehr große Motivation aus, die (auf freiwilliger Basis) ein bis zwei Drittel der Schüler dazu anregt, eigene Messungen durchzuführen.

Dieses spontane Interesse läßt jedoch aus den folgenden Gründen häufig rasch nach:

— Schüler haben Schwierigkeiten bei der Handhabung von Instrumenten.

- Die notwendige Regelmäßigkeit und Genauigkeit bei der Durchführung der Meßvorgänge wird für viele Schüler bald zur lästigen Aufgabe.
- Aus organisatorischen Gründen hat der Lehrer nicht immer die Zeit, dem Anerkennungsbedürfnis der Schüler Rechnung zu tragen und sich den Meßergebnissen der einzelnen gebührend zu widmen.
- Bei einer ungenügenden oder fehlenden Vorbereitung in der Schule überfordert das Projekt die Kenntnisse der Schüler, und/oder der Sinn der Beobachtungen und Messungen wird nicht erkannt.

5.5 Konsequenzen für die Übertragbarkeit auf andere Schullandheimstandorte

Aus den im vorhergehenden Kapitel genannten Gründen für das Nachlassen des Schülerinteresses ergeben sich weitere Konsequenzen, die vor allem die Rahmenbedingungen des Schullandheimaufenthaltes betreffen. Dabei sind kognitive, technisch-organisatorische und psychologische Antezedenzbedingungen zu unterscheiden.

Im folgenden sollen die wichtigsten kurz aufgeführt werden:

Zu den *kognitiven Voraussetzungen* gehört, daß die Schüler bereits ein wetterkundliches Grundwissen besitzen, welches sie in die Lage versetzt, einzelne Wettererscheinungen zu beschreiben und zu benennen. Dazu ist eine vertiefende Wiederholung und Erweiterung der Kenntnisse aus früheren Schuljahren notwendig. Eine Orientierungshilfe bei der Auswahl der zu behandelnden Schwerpunkte liefern die Ergebnisse des „Vortests". Ein punktueller Einsatz dieses Fragebogens ohne jegliche Nachbereitung erfüllt diesen Zweck nicht.

Auf den Erfolg von Wettermessungen im Schullandheim wirkt es sich ferner positiv aus, wenn die Schüler bereits in der Schule die Gelegenheit erhalten, *instrumentelle Fertigkeiten* wie das Ablesen von Instrumenten, die zeichnerische Darstellung numerischer Größen und das Umsetzen von Arbeitsaufträgen einzuüben, wobei die beiden zuletzt genannten Techniken in den meisten Fällen ein allgemeines Ergebnis der praktizierten Unterrichts- und Arbeitsformen sind. Wie bedeutsam die sorgfältige Vorbereitung des Projektes in der Schule ist, geht u. a. aus der Beobachtung von Lehrern hervor, daß das Interesse derjenigen Schüler am größten war, die auch in der Schule die Möglichkeit hatten, Wetterbeobachtungen vorzunehmen und auszuwerten.

Im Schullandheim hängt der Eifer, mit dem die Schüler wetterkundliche Messungen vornehmen, auch eng mit der Anzahl der vorhandenen *Arbeitsmittel* zusammen. Wolkentafeln (DIN A 4), Wetterbeobachtungsbögen und Thermometer sollten für jeden einzelnen Schüler vorhanden sein. Da Thermometer leicht zerbrechlich sind, ist es ratsam, eine ausreichende Reserve (1 Klassensatz) zu beschaffen. Gezielte Hinweise zur Handhabung und zur vorsichtigen Aufbewahrung der Instrumente können die Verluste in Grenzen halten.

Bei den übrigen Meßinstrumenten hat es sich als zweckmäßig erwiesen, nicht nur einen Handwindmesser anzuschaffen, sondern jeweils ein Gerät für eine Gruppe. Der Handwindmesser erfreut sich bei den Schülern von allen Instrumenten der größten Beliebtheit.

Neben diesen mehr am Projekt orientierten Gesichtspunkten kommt der allgemeinen *Motivationslage,* in die der Schullandheimaufenthalt eingebettet ist, die größte Bedeutung zu.

Die Färbung der durch den Lehrer erzeugten Erwartungshaltung entscheidet bereits lange vor Beginn des Aufenthaltes im Schullandheim über das Gelingen vieler Vorhaben. Stellen sich die Schüler auf eine Woche Sport, Spiel und Freizeit ein, so wird die kontinuierliche Wetterbeobachtung in den meisten Fällen zur unangenehmen Belastung, weil sie für die erwarteten Aktivitäten hinderlich ist. Tritt das Projekt jedoch schon bei den Vorbesprechungen in der Schule als Angebot neben die übrigen wichtigen Inhalte des Schullandheimaufenthaltes, so wird es in die Erwartungen einbezogen. Von daher gesehen ist es besonders wichtig, daß der Lehrer vorher weiß, welche Möglichkeiten der Standort des Schullandheims sowie dessen Ausstattung ihm und seiner Klasse bietet.

5.6 Anlagen/Schülerarbeitsblätter

Anlage 9: **Lernzielkatalog zum Themenbereich „Wetter und Klima" in der Primarstufe**

I. Richtlernziele

Das Projekt Wetterkunde orientiert sich an folgenden *Leitvorstellungen:*

1. Anleitung zu einer bewußten Wahrnehmung und Unterscheidung von Wettererscheinungen.
2. Vermittlung der Erkenntnis, daß Wetter und Klima als Naturerscheinungen mit Hilfe naturwissenschaftlicher Methoden erfaßt werden können.
3. Entwicklung der Fähigkeit, Auswirkungen von Wettererscheinungen und -abläufen im Hinblick auf das eigene Verhalten und die Aktivitäten anderer Menschen zu beurteilen.

II. Groblernziele

1. Instrumentaler Bereich

Die Beobachtung und Messung von Wettererscheinungen soll den Schülern die Möglichkeit eröffnen, folgende *Fähigkeiten* und *Fertigkeiten* zu erwerben bzw. anzuwenden:

1.1 Einfache Beobachtungen und Messungen sachgerecht vorzunehmen,

1.2 Meßwerte tabellarisch festzuhalten und in übersichtlicher Form graphisch darzustellen,

1.3 aus einer Reihe von Meßwerten einen Mittelwert zu bestimmen,

1.4 grundlegende Symbole der Wetterkarte zu kennen.

2. Kognitiver Bereich

Die eigenen Beobachtungen und Messungen sollen dem Schüler *Kenntnisse* und *Erkenntnisse* zu folgenden Schwerpunkten ermöglichen:

2.1 Kennenlernen und Beschreiben von unterschiedlichen Wetterelementen,

2.2 Erklärung von Beziehungen bei bestimmten Wettererscheinungen,

2.3 Erläuterung der Ursachen und Folgen von verschiedenen Wetterabläufen,

2.4 Unterscheidung von Wetter und Klima,

2.5 Einschätzung der Aussage und Bedeutung von klimatischen Mittelwerten,

2.6 Einordnung lokaler Wettererscheinungen in großräumige Zusammenhänge,

2.7 Verständnis von Inhalt und Bedeutung der Wetterkarten und Satellitenbilder im Fernsehen,

2.8 Versuche eigener Wettervorhersagen und Erkennen von Schwierigkeiten bei der Prognose,

2.9 Bewußtmachung des Einflusses des Wetters und Klimas auf die Lebensweise und das Verhalten des Menschen.

Anlage 10: **Hinweise zu wetterkundlichen Messungen und Beobachtungen im Schullandheim**

I. Besondere Voraussetzungen im Schullandheim

1. Kontinuierliche Messung und Beobachtung des täglichen Wetters innerhalb einer längeren Periode
2. Freilandbeobachtungen (Wolkenformen, Nebel, Tau, Reif, Winddeformationen etc.)
3. Messung und Beobachtung des Geländeklimas
4. Vergleich des Wetterverlaufs an den Standorten Schullandheim und Schule
5. Verfügbarkeit von Meßinstrumenten (Thermometer in Klassensätzen) und anderer Arbeitsmittel

II. Beobachtungen und Messungen

1. Temperatur
   - Luft (einmal/mehrere Male täglich)
   - Wasser (stehendes Gewässer, fließendes Gewässer)
   - Boden (verschiedene Tiefen: 0/2/10/25 cm; unterschiedliche Expositionen: Sonnenhang, Schattenhang, Ebene)
2. Niederschlag
   Regen (Regenmesser oder Wanne mit der Grundfläche 1 m x 1 m), Tau, Reif, Hagel, Schnee
3. Verdunstung (Evaporimeter)
4. Luftfeuchte (Haar-Hygrometer, Kiefernzapfen)

5. Luftdruck (Barometer)
6. Windstärke (Anemometer: Beaufort-Skale oder m/s), Windrichtung (Windfahne, aufsteigender Rauch etc.)
7. Wolkenformen (Wolkentafel, Dias)
8. Sonnenauf- und -untergang
9. Phänologische Beobachtungen (Blüte, Reife, Ernte; Ergrünen, Laubverfärbung, Frostschäden; Vergleich mit dem Schulstandort)
10. Mikro- und geländeklimatische Messungen und Beobachtungen

III. Weiterführende Auswertungsmöglichkeiten im Schullandheim

— Errechnen von Mittelwerten und Entwicklung des Klimabegriffs
— graphische Darstellung einzelner Meßergebnisse
— Einordnen der Meßergebnisse in großräumigere Wettervorgänge (Fernsehwetterkarte)
— Versuche von Wettervorhersagen

Anlage 11: Hinweise zur Ausstattung eines Schullandheims mit wetterkundlichen Meßinstrumenten

Die folgende Aufstellung umfaßt Geräte, die für eine ständig eingerichtete *zentrale Meßstation* am Schullandheim gedacht sind, ferner solche für *Meßpunkte*, die bei Bedarf ergänzend in der Nähe der Unterkunft eingerichtet werden können und Instrumente für *bewegliche Messungen* in der Umgebung des Schullandheimes und auf Exkursionen.

1. Ausstattung der zentralen Meßstation

Die zentrale Wetterstation sollte mit Geräten, die den Normen des Deutschen Wetterdienstes entsprechen, bestückt und entsprechend aufgebaut sein. Ihre Aufgabe ist es, dem Schüler

a) einen Einblick in die vorgeschriebenen Bedingungen der amtlichen Wettermessung zu vermitteln und

b) den objektiven Vergleich der dort registrierten oder ablesbaren Wetterdaten mit vom Schüler gemessenen Werten zu ermöglichen.

Die Meßstation sollte gegen unbefugtes Betreten bei Abwesenheit vom Schullandheim geschützt sein (etwa durch Einzäunen).

Es empfiehlt sich die Anschaffung folgender Geräte [1]):

1 kleine *Thermometerhütte* (Nr. 1099) (evtl. Eigenbau!)	DM 865,—
1 *Thermo-Hygrograph* mit 7-Tage-Laufwerk (Nr. 252)	DM 665,—
1 *Metallbarometer* (Nr. 485), Meßbereich von 940—1080 mbar	DM 487,—
1 *Regenmesser* nach Hellmann (Nr. 1500)	DM 190,—
1 *Minimum-Maximum-Thermometer*	DM 20,—
1 *Normalthermometer*	DM 12,—

Bei Anlage eines Meßfeldes für Bodentemperaturen sollten mindestens zwei Bodenthermometer für die Messung in unterschiedlichen Tiefen beschafft werden (z. B. für 2, 5, 10 oder 30 cm Tiefe):

1 Stck. *Bodenthermometer* mit Halter (Nr. 1084)	DM 110,—

2. Ausstattung beweglicher Meßpunkte

Die Anzahl der beweglichen Meßpunkte richtet sich zum einen nach der Kapazität des jeweiligen Schullandheims: In der Regel kann man von zwei Gruppen pro Klasse ausgehen, die sich für die Wetterkunde interessieren, so daß eine entsprechende Anzahl von Meßpunkten eingerichtet werden sollte. Andererseits kann die Messung geländeklimatischer Besonderheiten eine größere Anzahl beweglicher Meßpunkte notwendig machen.

Es empfiehlt sich pro Meßpunkt die Anschaffung folgender Geräte, die an einem Pfahl mit Galgen angebracht werden können:

1 *Normalthermometer*	DM 12,—
1 *Minimum-Maximum-Thermometer*	DM 20,—
1 *Regenmesser* nach Diem (Nr. 1503)	DM 35,—
1 *Verdunstungsmesser* nach Piche (Nr. 1522) (kann evtl. durch Reagenzgläser ersetzt werden)	DM 49,—

[1]) Die Angabe von Bestellnummern bezieht sich auf das Lieferprogramm der Wilh. Lambrecht KG., Friedländer Weg 65/67, 3400 Göttingen. Die Preise kennzeichnen den Stand vom 1. 8. 1978 ohne Mehrwersteuer.

Ein zusätzlicher Meßpunkt kann mit einem Sonnenscheinschreiber ausgestattet werden:

1 Sonnenscheinschreiber nach Campbell-Stokes mit Zubehör (Nr. 1603)	DM 895,—

3. Ausstattung für bewegliche Messungen zur Freilandmessung

Es empfiehlt sich die Anschaffung folgender Geräte:

Schüler-Hülsenthermometer Bereich —35° C bis +50° C in Klassenstärke	Stück	DM 16,—
Schalen-Handwindmesser (Nr. 1438)	Stück	DM 372,—
Senk-Wasserthermometer (Nr. 1077)	Stück	DM 72,—
Taschenhöhenmesser (Nr. 1304)	Stück	DM 230,—
Kompasse	Stück	DM 30,—

Abb. 7: Schüler messen die Windgeschwindigkeit mit dem Schalenwindmesser (Anemometer)

Anlage 12: **VORTEST „WETTERKUNDE"**

Kreuze an und fülle aus:

Schule: ....

Klasse: .... Alter: .... Jahre

Junge: ☐

Mädchen: ☐

1. Was verstehst Du unter einer Wolkendecke?

   Kreuze die entsprechenden Wörter an:

   Man kann einzelne Wolken am Himmel sehen ☐
   Man kann die Sterne gut sehen ☐
   Kein Sonnenstrahl dringt durch die Wolken ☐

2. Was ist Niederschlag? Kreuze die entsprechenden Wörter an:

   Schnee ☐
   Regen ☐
   Sonne ☐
   Hagel ☐
   Wolken ☐
   Wind ☐

3. Welche Erscheinungen kannst Du beobachten, wenn das Thermometer unter den Gefrierpunkt (0° Celsius) gesunken ist?

   Kreuze das Zutreffende an:

   Nieselregen ☐
   Glatteis ☐
   Wolkenbruch ☐
   Reif ☐
   Hitze ☐
   Schneefall ☐

4. Kennzeichne die folgenden Wörter mit den Zahlen 1., 2., 3., 4. in einer sinnvollen Reihenfolge:

Sturm	☐
Orkan	☐
Wind	☐
Windstille	[1]

5. Kennzeichne die folgenden Wörter ebenso (1., 2., 3., 4.):

Regen	☐
Nässe	☐
Wolken	[1]
Verdunstung	☐

6. Ändert sich die Lufttemperatur, wenn wir auf einen hohen Berg steigen?

Kreuze das Richtige an:

Die Lufttemperatur ändert sich nicht	☐
Die Luft wird wärmer	☐
Die Luft wird kälter	☐

7. Folgende Bögen beschreiben den Tagesgang der Sonne im Sommer und Winter.

Kreuze das Richtige an!

Sommer	☐
Winter	☐

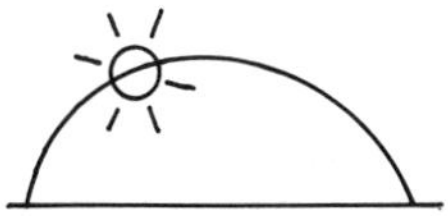

Sommer	☐
Winter	☐

8. Welcher Temperaturverlauf kennzeichnet einen milden Frühlingstag?

   Kreuze das Zutreffende an:

6 Uhr	12 Uhr	18 Uhr	24 Uhr	
11° C	27° C	26° C	14° C	☐
1° C	8° C	6° C	3° C	☐
6° C	19° C	16° C	10° C	☐

9. Welche Bedeutung haben folgende Zeichen (Symbole) der Fernsehwetterkarte?

   Kreuze das Richtige an:

a) 

- Regen ☐
- Schnee ☐
- Glatteis ☐

b) 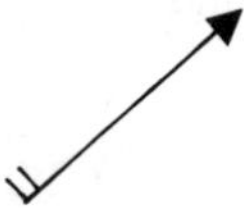

- Stärke des Windes und Richtung aus der er kommt ☐
- Hinweise für Wintersportler ☐
- Besonders witterungsbegünstigte Gebiete ☐

c) 

- Grenze kalter Luftmassen ☐
- Grenze des Sonnenscheins ☐
- Grenze warmer Luftmassen ☐

Wetterbeobachtungsbogen

Anlage 13

	Montag			Dienstag			Mittwoch			Donnerstag			Freitag			Samstag			
Lufttemperatur [1] (in C °)	mo	mi	ab	mo	mi	ab	mo	mi	ab	mo	mi	ab	mo	mi	ab	mo	mi	ab	Temperaturmittel aller Tage: ....
Niederschlag (in mm)	mm			mm			mm			mm			mm			mm			Summe des Niederschlags ....
Bewölkung (z. B. etwa Dreiviertel des Himmels mit Wolken bedeckt)	mo	mi	ab	mo	mi	ab	mo	mi	ab	mo	mi	ab	mo	mi	ab	mo	mi	ab	
	⊕	⊕	⊕	⊕	⊕	⊕	⊕	⊕	⊕	⊕	⊕	⊕	⊕	⊕	⊕	⊕	⊕	⊕	
Sonstige Beobachtungen																			

[1]) mo = morgens (z. B. 8.00 Uhr) mi = mittags (z. B. 14.00 Uhr) ab = abends (z. B. 20.00 Uhr)

Beobachtete Windstärke und Windrichtung

Tag:	Mo	Di	Mi	Do	Fr	Sa
Windrichtung und Windstärke:						

Beispiel:
Mi 7. 6.

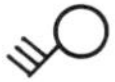

(starker Südwestwind)

Windrichtung (Richtung, aus der der Wind kommt):

Nordwind  Westwind  Südwind  Ostwind 

Windstärke:

1. *Windstille*  (0 m/s)
Rauch steigt senkrecht auf, Blätter an den Bäumen bewegen sich nicht.

2. *Leichter Wind*  (0,1—4,0 m/s)
An den Bäumen bewegen sich die Blätter, der Wind ist im Gesicht fühlbar.

3. *Mäßiger Wind*  (4,0—9,0 m/s)
An den Bäumen bewegen sich die Zweige; der Wind hebt Staub und leeres Papier auf den Straßen.

4. *Starker Wind*  (9—14 m/s)
Man hört den Wind pfeifen; starke Äste und schwächere Bäume bewegen sich.

5. *Stürmischer Wind*  (14—25 m/s)
Zweige werden von den Bäumen abgebrochen; das Gehen gegen den Wind wird schwierig.

6. *Sturm*  (25 u. mehr m/s)
Bäume werden umgerissen; Hausdächer werden beschädigt oder abgedeckt.

6 Projekt: Gesteine und Fossilien als Zeugnisse der Erdgeschichte

6.1 Begründung des Themas

Der Aufenthalt in einem Schullandheim bietet aufgrund des standörtlich bedingten engeren Kontaktes mit einer naturnahen Umwelt, des hier insgesamt verfügbaren größeren Zeitraumes für Erkundungswanderungen in das umgebende Gelände und der zu beobachtenden durchschnittlich größeren Bereitschaft der Schüler zur Beschäftigung mit Naturerscheinungen gute Voraussetzungen für ein Unterrichtsvorhaben zur Erdgeschichte. Ein solcher geologischer Themenbereich ist unabdingbar angewiesen auf konkrete Aufschlüsse von Gestein und Lagerungsverhältnissen, auf das Abklopfen, Zertrümmern und Finden (von Fossilien), auf das „entdeckende Lernen" in seiner ursprünglichen Bedeutung und in einem realisierbaren Bereich. Es gibt neben der Biologie wohl nur wenige Gebiete der Naturwissenschaften, die für Schüler schon in der Grundschule so gut zugänglich sind und ihnen so viel Freude bereiten wie die einfachen Grundlagen von Geologie und Mineralogie und im Zusammenhang damit auch der Paläontologie und Paläogeographie: Wie Steine entstanden sind und wie die „versteinerten" Tiere und Pflanzen dort hineingekommen sind, wie einmal Meere da sein konnten, wo heute Bergland ist und wie alt dies alles ist, sind spontane Wissensfragen der Kinder schon am Beginn der „realistischen" Entwicklungsphase. Dabei spielen natürlich noch phantastische Vorstellungen von wertvollen „Edelsteinen" und „Kristallen", kostbaren Erzen (Gold!) und Versteinerungen und von geheimnisvollen Höhlen eine große Rolle. Dieser Aufgeschlossenheit gegenüber realen Umwelterscheinungen, verbunden mit einem zuweilen schier unerschöpflichen Sammeltrieb, aber auch mit „diskutablen" Deutungsversuchen und konkretem Identifizieren von Funden durch Vergleich mit Abbildungen in Bestimmungsbüchern und beschrifteten Sammlungsstücken (in Ausstellungen) sollte zumindest unter den Bedingungen eines Schullandheimaufenthaltes Rechnung getragen werden. Die Auswirkungen entsprechender kleinerer Projekte oder auch nur weniger Aktivitäten oder einer Aktivität „vor Ort" auf die nachfolgende Unterrichtszeit sind erfahrungsgemäß groß.

Neben dieser entwicklungsbedingten und auch vom außerschulischen Interesse der Schüler her begründeten Beschäftigung mit geologischen Objekten und Fragestellungen gibt es natürlich auch eine fachdidaktische Begründung. Da ist einmal der in geographischen Lehrplänen und Unterrichtswerken immer wieder aufgegriffene Aspekt der Wirksamkeit von unterschiedlichem Gestein auf die Bodenbildung und das Relief sowie die Entstehung der wirtschaftlich so bedeutenden Bodenschätze (Erze, Kohle, Erdöl etc.). Zum anderen ist es das Lernziel, die scheinbar unveränderliche Gestalt der heutigen Erdoberfläche als einen momentanen Entwicklungszustand in einem seit Beginn der Erdwerdung ständig sich vollziehenden Entwicklungs- und Umwandlungsprozeß zu erkennen: Gebirge und Tiefland, die Verteilung von Festland und Meeren und auch das Klima und die Lebewesen haben sich im Laufe der Erdgeschichte in unüberschaubar großen Zeiträumen ständig verändert. Für diese an sich abstrakte Erkenntnis der Veränderlichkeit der Erdoberfläche als das Ergebnis eines ständigen, komplizierten Wechselspiels zwischen endogenen und exogenen Kräften, zwischen Veränderungen im Erdinneren und Reaktionen auf der Erdoberfläche, an die sich der biotische Bereich nach einer eigenen Entwicklungsdynamik und der Auslese in unvorstellbar langen Epochen jeweils anpassen mußte, sind elementare Zeugen vorhanden: Gebirgsaufschlüsse und Fossilien, „versteinertes Leben" im Gestein. Sie sind auch für Schüler niederer Altersstufen zugängliche Objekte und geeignete unterrichtliche Einstiege. Für solche Einstiege in physisch-geographische Themen durch eine originale Begegnung und eine vom Objekt ausgehende Aktivierung bietet der Schullandheim- oder ein vergleichbarer Aufenthalt eine wichtige Ergänzungssituation des Schulunterrichts. Das bewußt gewordene Erlebnis des Schülers, als erster Mensch nach 3 oder 300 Millionen Jahren das damals in den Meeresbodenschlamm eingebettete Tier durch Aufklopfen des inzwischen zu Gestein verhärteten Bettes wieder an das „Licht der Welt" befördert zu haben, stellt eine starke Motivation für die weitere Beschäftigung mit diesen Objekten und den geradezu „phantastischen" Hintergründen dar! Der so stimulierte natürliche „Forschertrieb" ist schon bei Schülern der Grundschule voll zu beobachten. Dies wird zuweilen durch die Darstellung erdgeschichtlicher Themen in den außerschulischen Medien (Fernsehen, Zeitschriften) noch unterstützt.

Daß die Beschäftigung mit geologischen Erscheinungen eine beachtliche „Freizeitalternative" darstellen kann, sei nur am Rande vermerkt. Wichtiger noch erscheint in diesem Zusammenhang die damit verbundene erzieherische Wirkung im Sinne des Natur- und Landschaftsschutzes: Es entsteht ein Gespür dafür, daß das, was sich in unendlich langen Zeiträumen entwickelt hat, nicht unnötig und aus einem augenblicklich nützlich erscheinenden Bedürfnis heraus zerstört werden darf. Hier gibt es Parallelen zu entsprechenden botanischen und zoologischen Aktivitäten.

6.2 Beschreibung des Projektrahmens und der entwickelten Arbeitsmittel

Die Vorbereitung eines geologischen Unterrichtsprojekts für einen Schullandheimaufenthalt wird naturgemäß stark gesteuert von den gut erreichbaren und erkennbaren, „aussagekräftigen“ Aufschlüssen in der unmittelbaren Umgebung des Landheims. Sie müssen möglichst zu Fuß erreichbar sein bei hinreichender Arbeitszeit „vor Ort“ (unter Berücksichtigung des — auch durch Mahlzeiten gesteuerten — Tagesablaufs im Schullandheim). Wichtig für die Auswahl der Erkundungsziele ist zunächst nicht der Gesichtspunkt einer wissenschaftlichen Besonderheit oder gar Seltenheit von Fossilien und Mineralien, sondern die Möglichkeit, daß Schüler selbständig und ohne Gefahr suchen, klopfen, zeichnen und damit „forschen“ können. Auch in relativ einförmigen Schiefer- oder Sandsteingebieten oder in Gebieten eiszeitlicher Ablagerungen gibt es immer genügend Ansatzmöglichkeiten für Differenzierungen und Anlage von Sammlungen, die zu weiterführenden Fragen Anlaß geben. Am Anfang sollte auf jeden Fall zunächst die praktische Beobachtung und Erkundung der Schüler im Gelände und nicht etwa die theoretische Einführung in Strukturen und Genesen sein. Ein geologisches Unterrichtsprojekt gehört zu den guten schulischen Möglichkeiten induktiven Arbeitens mit nur wenigen Vorgaben.

Als Unterrichtsform bietet sich vorteilhaft die Arbeit in Kleingruppen an, vor allem, wenn nicht jedem Schüler ein Hammer oder eine Bestimmungsunterlage zur Verfügung gestellt werden kann. Aber auch die Diskussion in der Gruppe über „richtige“ und „falsche“ Funde, über vorgebrachte Vermutungen und Thesen zur Entstehung oder Herkunft ist ein wichtiger methodischer Bestandteil des Vorhabens.

Das Einsammeln von Gesteinsproben und Fossilien würde von den Schülern auch ohne besonderen Hinweis durch den Lehrer erfolgen. Auf die Notwendigkeit des sorgfältigen Sammelns solcher „Beweisstücke“ für bestimmte erdgeschichtliche (geologische oder geomorphologische) Vorgänge sollte jedoch besonders hingewiesen werden. Sie dienen später etwa zur Fossilienbestimmung durch Vergleichssammlungen oder Abbildungen und für weitere Bestimmungsübungen (Zusammensetzung, Härte, Lösungsfähigkeit etc.).

Die Diskussion auffälliger Strukturen bei anstehendem Gestein (Bankung, Schichtung, Schieferung, Klüftung, Faltung oder Schrägstellung ursprünglich waagerecht abgelagerter Sedimente, tektonische Störungen etc.) geschieht zweckmäßig an Ort und Stelle. Es kann zusätzlich gezeichnet und fotografiert werden, um später unter Umständen unter besseren äußeren Bedingungen daran weiter arbeiten zu können.

Im vorliegenden Projekt für 4. Klassen der Primarstufe wurde zunächst ein Vortest „Erdgeschichte" entwickelt (vgl. Anlage 21), der bereits vor dem Heimaufenthalt in der Schule eingesetzt wurde. Er sollte dem begleitenden Lehrer und den Teilnehmern im Rahmen der wissenschaftlichen Begleitung des Projekts einen Überblick über das Vorwissen der einzelnen Schüler zu künstlichen und natürlichen „Steinen" sowie die Vorstellungen über Fossilien und ihre Herkunft und im Zusammenhang damit über Gebirgsbildung (Hebung ehemaligen Meeresbodens) geben. Die Auswertung des Tests erleichterte die altersstufengerechte Steuerung des Projektes sehr. Zudem löste er im Unterricht Diskussionen aus und hatte somit eine einstimmende Wirkung. Es entstand im Hinblick auf den bevorstehenden Schullandheimaufenthalt und unter Hinweis auf die dortigen Untersuchungsmöglichkeiten eine fruchtbare Erwartungshaltung.

Am ersten Projekttag im Schullandheim wurde (nach vorhergegangenen Orientierungsgängen durch die Umgebung) das Vorhaben für die „geologische" Geländearbeit auf Grund der Übersichtskarten bzw. -skizzen (s. Schülerarbeitsblätter, Anlagen 15 und 16) erörtert. Es wurden Gruppen gebildet und die mitzunehmenden Hilfsmittel festgelegt. Diskutiert wurde auch, wonach und wie zu suchen und was mit nach Hause zu nehmen sei. Unter Hinweis auf die im Heim ausliegenden Bestimmungsbücher und die beschrifteten Sammlungsstücke in einem Ausstellungsschrank erhielt jeder Schüler noch eine Vorlage von Abbildungen der möglicherweise bruchstückhaft zu findenden „Versteinerungen" (s. Schülerarbeitsblatt, Anlage 18).

Auf dem Weg zu den vereinbarten Erkundungspunkten und an diesen selbst waren die Schüler außerordentlich interessiert, lebhaft und besonders an den Aufschlüssen sehr ausdauernd (zumutbare Such- und „Klopf"-Zeit an einem Halbtag je nach Witterung: 1—2 Stunden!).

Eine erste Auswertung der Erfahrungen (z. B. wie fossilreiche und wie fossilarme Horizonte zu erkennen waren) und ein Vergleich der gefundenen Fossilien mit ersten Versuchen der Zuordnung zu Abbildungen und entsprechender Namengebung erfolgte in einem Fall bereits im Gelände (Rastplatz auf dem Heimweg bei gutem Wetter), sonst im Schullandheim. Hier wurden dann auch die zusätzlichen Arbeitsmittel eingesetzt: Arbeitsfolie mit Bildreihe über Sedimentation und Auffaltung, Rekonstruktionen von Meerestieren, deren Abdrücke gefunden wurden (Bestimmungsbücher, z.B.: Fraas, E.:

Abb. 8:
Schüler suchen Fossilien

Abb. 9:
Abdrücke der „Seelilie“ im Schiefergestein

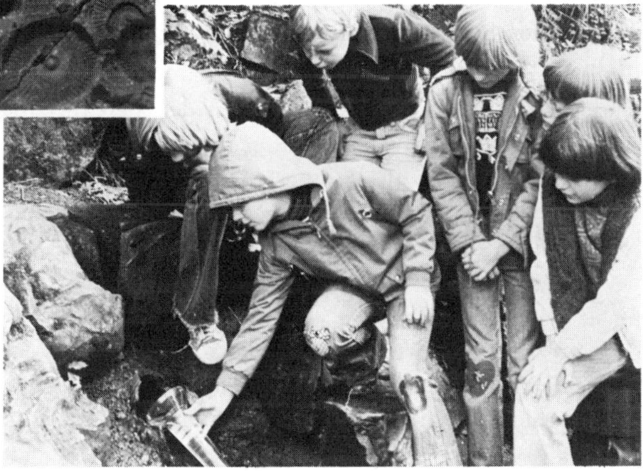

Abb. 10:
Schüler messen eine Quellschüttung

Der Petrefaktensammler, Stuttgart 1976), Wandkarte der Erdzeitalter (bebilderte Übersichtskarte mit Angabe von Zeiten und Abbildungen von Fossilien). Für Schüler höherer Altersstufen eignen sich auch ausgewählte Bilder erdgeschichtlicher Dia-Serien (z. B. im Jünger-Verlag) und paläogeographische Karten (z. B. im Unterrichtswerk: „Neue Geographie", Bd. 9/10, S. 190—194. Düsseldorf, Bagel-Verlag).

Die Projektarbeiten endeten in der 4. Klasse in allen Fällen mit der Ausstellung und Beschriftung der „besten" Fundstücke (mit „Eigentumsvorbehalt"!) und dem Austausch von Stücken, die dann für den Heimtransport verpackt wurden. In einigen Fällen wurden zusätzlich Originalzeichnungen von Fundstücken angefertigt und Zeichnungen aus der Auswertungsphase dem übrigen Projektmaterial beigefügt.

6.3 Beschreibung der lokalen geologischen Verhältnisse

Der Standort des Schullandheims Meinerzhagen ist geomorphologisch gekennzeichnet durch die Strukturen einer Mittelgebirgslandschaft des Rheinischen Schiefergebirges in einer Höhenlage zwischen 400 und 500 m NN. Auf einem Höhenrücken südlich der Stadt Meinerzhagen gelegen, einem Ausläufer des varistisch streichenden langgestreckten Kammes des Ebbegebirges (668 m NN), überblickt man nach Nordwesten das nördliche Sauerland im Abdachungsbereich des Volmetals, nach Südosten Teile des Oberbergischen und Siegerlandes bis hin zum Hochsauerland. Der Höhenrücken des Schullandheims ist Teil einer geologischen Sattelzone (des Ebbe-Doppelsattels) zugleich eine morphologisch markante Wasserscheide zwischen Volme (Ruhr), Agger (Sieg) und Wipper (Wupper). Die Quellmulden reichen bis dicht an den Schullandheimstandort heran (vgl. auch S. 12).

Geologisch haben wir es im wesentlichen mit devonischen Schiefern, Grauwacken und Quarziten zu tun, die in den Bereichen der Hauptsättel und -mulden noch einmal stark gefaltet und steilgestellt sind. Ihre unterschiedliche Härte führt bei der Schrägstellung der Schichten zu einer Wechselfolge von entsprechend unterschiedlich abgetragenen und ausgeräumten Tälern bzw. Mulden (Tonschiefer) und Rücken (Quarzit). An zahlreichen Anrissen der Hänge und in den Kerbtalsohlen der Bachläufe tritt der Fels zutage und bietet einen Einblick in die jeweilige Gesteinsart. Hier beobachtet man eine charakteristische Verteilung der Fossilien: dichte Lagen in tiefbraunen, weichen Schiefertonen des ehemaligen feinkörnigen und organismenreichen Meeressediments und fossilarme Bänke von quarzitischem Sandstein (vgl. Anlage 20).

Häufig auftretende „Abdrücke“ von Organismen des Devon-Meeres (bzw. Steinkern-Ausfüllungen der durch Schalen und Weichteile abgestorbener Meerestiere hinterlassenen Hohlräume) sind solche von Armkiemern (Brachiopoden) und „Seelilien“. Das Leitfossil, also ein in bestimmten Ablagerungsschichten und damit in einer bestimmten erdgeschichtlichen Epoche weiträumig verbreitetes Lebewesen, ist hier der Armkiemer Spirifer cultrijugatus (vgl. Anlage 18). Eine nahe Meinerzhagen gelegene Zone wird in einer älteren geologischen Karte dieses Raumes (Fuchs, A. und W. E. Schmidt 1928) als Meinerzhagener „Cultrijugatuszone“ dem oberen Unterdevon zugeordnet.

Die geologischen Aufschlüsse in der unmittelbaren Umgebung des Schullandheims (vgl. Anlagen 15 und 16) bieten hinreichend Gelegenheit, die beiden kennzeichnenden geologischen Erscheinungen dieses Raumes „vor Ort“ kennenzulernen: die Wechsellagerung morphologisch harter und weicher Gesteine in einem gefalteten Gebirge und Fossilien als Zeugen mariner Ablagerungen im Devon.

6.4 Erfahrungen bei der Durchführung und Auswertung des Projektes

Bei den Vorbesprechungen mit den Lehrern, die jeweils im Laufe eines Belegungsjahres das Schullandheim Meinerzhagen mit ihrer Klasse belegen und sich an einem der angebotenen Projekte beteiligen wollten, entschied sich jeweils ein relativ hoher Anteil auch zur Durchführung des Projektes „Geologie“. Allerdings stand dieses fast nie im Mittelpunkt der geplanten geographischen Feldarbeit, sondern immer nur als ergänzendes Vorhaben zu einem der übrigen Projekte oder einem sonstigen Vorhaben. An den hier vorbereiteten Projekten waren fast ausschließlich 4. Klassen der Primarstufe beteiligt. Hier hatten Lehrer bereits früher positive Erfahrungen mit dem „Sammeln von Steinen“ auf gemeinsamen Wanderungen während eines Schullandheim-Aufenthaltes gemacht. Das große, spontane Interesse bei den Schülern, das sich in den Fragen nach der Herkunft der „Versteinerungen“, nach Aussehen, Alter und Namen der fossilen Lebewesen widerspiegelte, war eine immer wieder bestätigte Beobachtung gewesen.

Ein Grund für die im Vergleich zu den übrigen Projekten seltenere Wahl der Erdgeschichte als zentrales Vorhaben war allerdings auch die relativ späte Fertigstellung und Nutzbarmachung der Projektmaterialien. Hier standen am Ende zur Verfügung: Geologenhämmer, bebilderte Bücher zur

Erdgeschichte sowie Bestimmungsbücher, Dias, Folien, Chemikalien, Lupen und die Projektmaterialien (Anlagen 15—21).

Insgesamt war die Beurteilung des — in welcher Form auch immer — durchgeführten Projektes „Erdgeschichte" bei Lehrern und Schülern sehr positiv. Bei den Schülern standen die damit verbundenen Aktivitäten, Erlebnisse und „sichtbaren" Ergebnisse sogar häufig an der ersten Stelle in der Beurteilung der Unternehmungen während des Schullandheim-Aufenthaltes. Ein Grund liegt dabei natürlich in dem damit verbundenen (Bewegungs- und) Entdeckungserlebnis sowie dem Sammlungsergebnis.

Im einzelnen zeigte der Einsatz des *Vortests* (s. Anlage 21), daß bei Schülern des 4. Schuljahres (Grundschulen im Stadtgebiet von Hagen) zwar elementare Kenntnisse und Vorstellungen über Arten von natürlichen und künstlichen Steinen vorhanden sind (Fragen 1—4). Ein erheblicher Teil der Schüler hatte auch schon „Abdrücke" von Pflanzen und Tieren darin gesehen (Frage 5). Daß es sich hierbei um Meerestiere handelt und wie diese in die Gesteine des Berglandes hineingekommen sind (Fragen 6 und 7), war aber fast allen Schülern unbekannt. Die Frage 7 wurde nur von wenigen Prozent der befragten Schüler einigermaßen zutreffend beantwortet. Der Einsatz des gleichen Vortests als *Nachtest* zeigte vor allem in den Fragen 4—7 einen ganz entscheidenden Lernzuwachs, auch bei solchen Klassen, die sich nur an einem Tag des Schullandheim-Aufenthaltes mit dem Projekt befaßt hatten. Allerdings war hier immer im Anschluß an den Vortest eine kurze Einführung in erdgeschichtliche Veränderungen (Land — Meer — Verteilung) und in die Entstehung von Sedimentgestein im Rahmen eines Unterrichtsgesprächs (z. T. mit Veranschaulichung durch graphische Darstellungen) vorausgegangen. Solche Gedankengänge und Diskussionen brauchen nur kurz zu sein, sie haben in jedem Fall eine stark motivierende Wirkung auf die sich anschließende Geländearbeit.

Die eingehendere *Erarbeitung* geologischer Vorgänge i. S. der kognitiven *Lernziele* 5—7 (s. Anlage 19) sollte in jedem Fall erst nach der Arbeit im Gelände erfolgen, wenn die Schüler die konkreten Zeugnisse erdgeschichtlicher Vorgänge (Fossilien) gefunden und durch Vergleich bestimmt haben. Es wird erst damit eine wesentliche Voraussetzung für den Zugang zu den sonst recht abstrakten Fragestellungen geschaffen. Für die Erarbeitung des Themas: „Aus Meer wird Festland — aus Festland wird Meer" kann zu den dabei entwickelten Tafelzeichnungen ein Schülerarbeitsblatt mit einer vereinfachten paläogeographischen Karte „Mitteleuropas" zur Zeit des Devon-

Meeres und einer Reihe von 3 Skizzen zur Entstehung von Sedimentgestein entworfen werden (Buchvorlagen: Geographische Unterrichtswerke, z. B. Neue Geographie, Bagel-Verlag, Bd. 9/10 und Geographie, Klett-Verlag, Bd. 9/10).

Zur *Bestimmung* und Einordnung der gefundenen Fossilien bzw. Fossilienreste eignet sich zunächst das Bestimmungsblatt für Schüler (s. Anlage 18). Weitere Hilfen bringen die geologischen Bestimmungsbücher sowie systematische Werke mit Bildtafeln, vgl. z. B. Fraas, E.: Der Petrefaktensammler, Stuttgart 1976, 4. Das Bestimmungsblatt hat sich auch für Schüler der 4. Klassen als gut brauchbar erwiesen.

Als wertvolle und wohl einfachste Hilfe für das Bestimmen von Fossilien in den aus dem Gelände mitgebrachten Steinen wurde die gut beschriftete und durch einfache Skizzen ergänzte *Vergleichssammlung* in einer Vitrine des Schullandheims empfunden. Die Schüler wurden dadurch auch wieder angeregt, selbst eine Ausstellung ihrer Fundstücke im Schullandheim aufzubauen. Eine solche wurde in einem Falle nach der Rückkehr aus dem Schullandheim in der Schule im Hinblick auf einen Elternabend mit Dias und Fotos zusammengestellt.

Eine geeignete *zeichnerische Arbeit* im Rahmen der Auswertung des Projekts ist auch der Versuch, den „Lebensraum“ der gefundenen Fossilien zu ihrer Lebenszeit darzustellen. Anregungen dazu sind in der Literatur und auf einer Bild-Wandkarte über die Erdzeitalter zu finden. Das Zeichnen der Fundstücke mit einer vergrößerten Darstellung der Oberflächenstrukturen (Lupe!) ist — in Verbindung mit einer Beschriftung und Ausstellung der Ergebnisse — ebenfalls eine im 4. Schuljahr gut zu leistende Ergänzung der Geländearbeiten.

Die *Lernzielüberprüfung* konnte im Rahmen dieses Projektes nicht in einer statistisch abgesicherten quantitativen Erfassung durchgeführt werden. Alle Beobachtungen des Arbeitsablaufs und der erzielten Ergebnisse sowie die Auswertung der Lehrerbefragungen lassen aber den Schluß zu, daß die geologische Feldarbeit im Schullandheim eine schon bei Schülern der Primarstufe sehr geeignete und gern angenommene Form der „Umwelterkundung“ ist. Sie kann — besonders in höheren Klassen — durch eine Vorbereitungs- und Auswertungsphase in den laufenden Schulunterricht eingebunden sein. Sie kann aber ebenso erfolgreich nur Motvations- und Einstiegsphase durch die „Draußenarbeit“ während des Schullandheim-Aufenthalts sein und — besonders bei nur einwöchigen Heimaufenthalten — im folgenden Unterricht in der Schule weiter ausgewertet werden.

Anlage 15: **Top. Karte der Umgebung des Schullandheims (Aufschlüsse ① bis ⑪ vgl. Anl. 17)**

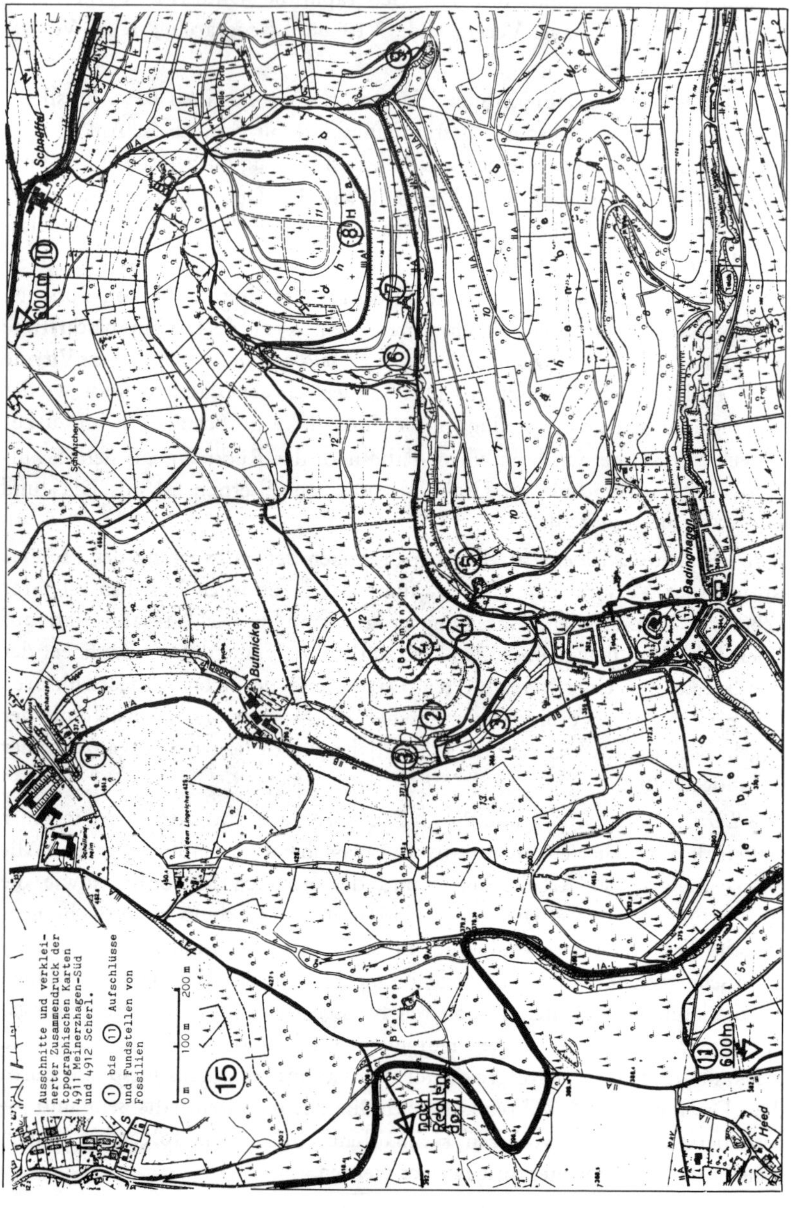

Anlage 16:

Lageskizze geologischer Aufschlüsse (vereinfacht)

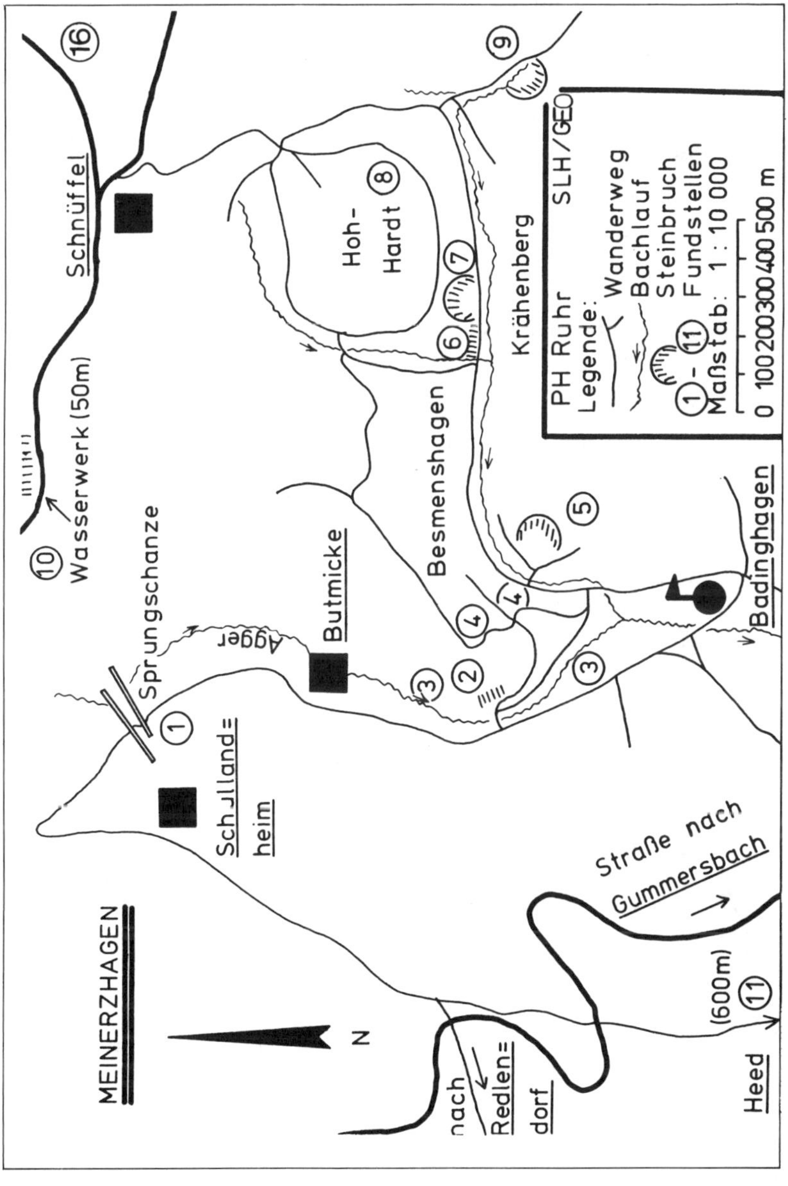

Anlage 17:
Geologische Aufschlüsse und Fundstellen von Fossilien

① Aufschluß unter der kleinen Sprungschanze
(schräggestellte Gesteinsschichten aus harten Sandsteinbänken und weicheren Schiefern)

② Aufschluß Butmicke
(an der Böschung: Fossilien)

③ Bachbett der Agger
(Fossilien sind in mehreren Quellbächen der Agger zu finden)

④ Wegkreuzung Besmenshagen
(Fossilien)

⑤ Ehemaliger Steinbruch nördlich Badinghagen
(Streichen und Fallen von Schichten, Fossilien)

⑥ Böschung am Wegedreieck zur Hoh-Hardt
(Fossilien)

⑦ Ehemaliger Steinbruch, ca. 200 m östlich von der Fundstelle ⑥
(Fossilien)

⑧ Kleinere Steinbrüche an der Bergseite des Rundweges um die Hoh-Hardt
(Fossilien)

⑨ Quellmulde südöstlich der Hoh-Hardt
(Fossilien)

⑩ Böschung unterhalb des Wasserwerkes an der Straße
(Vom Schnüffel die Landstraße ca. 600 m in Richtung Schullandheim gehen: Fossilien)

⑪ Rastplatz oberhalb des Wanderweges südlich Heed
(Den Weg in Richtung Süden weitergehen, nach ca. 300 m an der Weggabelung links in Richtung Erlerweg abbiegen, dann 300 m bis zum Rastplatz. Fossilien sind am Rastplatz und in der näheren Umgebung des Rastplatzes zu finden)

Anlage 18:
Fossilien (Bestimmen nach Abbildungen)

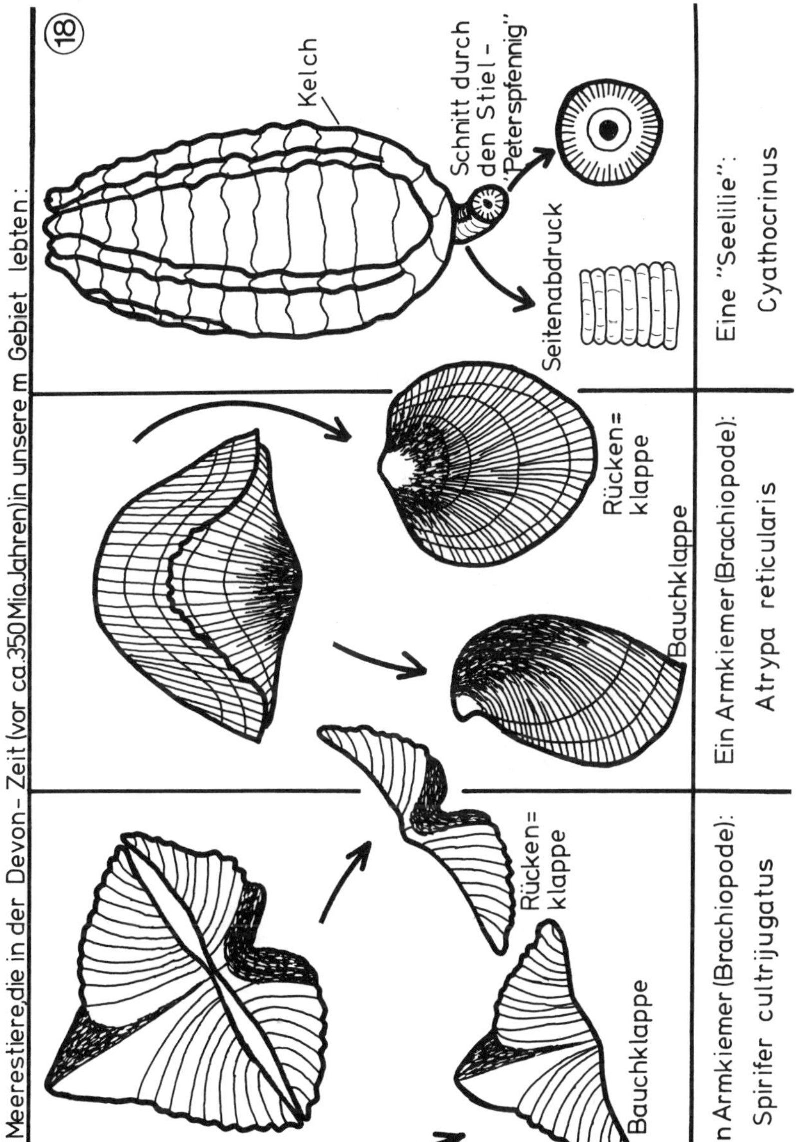

Anlage 19:
Angestrebte Erkenntnisse und Fertigkeiten zum Thema „Erdgeschichte"

Kognitiver Bereich

1. Es gibt natürliche und künstliche (= vom Menschen geschaffene) Steine.
2. Natürliches Gestein ist im Laufe der Erdgeschichte enstanden.
3. Sandstein (Grauwecke) und Tonstein (Schiefer) wurden als Sand bzw. Ton im Meer abgelagert.
4. Die Fossilien sind Abdrücke von Meerestieren.
5. Fossilien weisen auf die Entstehungsgeschichte des Gesteins hin.
6. Meere hattten früher (Devon-Zeit) eine andere Verbreitung als heute.
7. Die Entstehung von Gestein ist ein andauernder Vorgang, der auch in der Gegenwart noch abläuft.

Instrumentaler Bereich

1. Sachgerechter Umgang mit einfachen Untersuchungsgeräten (Hammer, Lupe).
2. Überprüfung des Gesteins auf sein Ausgangsmaterial (Ton, Sand, Kies).
3. Beschreibung des Gesteins nach Struktur, Farbe und Härte.
4. Bestimmung der Fossilien nach einfachen Abbildungen und nach einer Vergleichssammlung.

Anlage 20:
Informationsblatt zum Projekt „Erdgeschichte"

Die Gesteinsarten, die von den Schülern im Verlauf des Schullandheimaufenthaltes untersucht werden sollen, gehören der geologischen Formation des *Devon* an.

Englische Geologen entdeckten 1839 in der südenglichen Grafschaft *Devonshire* Schichten, die älter als das Karbon, aber jünger als das Silur sind (siehe Zeittafel). Diese neuentdeckte Schicht wurde daraufhin als Devon bezeichnet. Das Devon umfaßt drei Abteilungen: Unter-, Mittel- und Oberdevon.

Die Devonzeit war ein „unruhiger" Zeitabschnitt der Erdgeschichte. Im Meer und auf dem festen Land entstanden Gesteine in reicher Vielfalt:

Unterdevon:	Grauwacken, Sandsteine, Grauwackenschiefer
Mitteldevon:	Tonschiefer, mergeliger Schiefer, Korallenkalk
Oberdevon:	Kalke und Schiefer

Aus den mächtigen Sedimenten des Devon bestehen in Mitteleuropa z. B. das Rheinische Schiefergebirge, der Harz und die Sudeten. So war auch der Raum Meinerzhagen zur Devonzeit vom Meer bedeckt.

Aus der Folie ist die Land-Meer-Verteilung zur Zeit des *Unterdevon* zu entnehmen:

> Von Irland über England, Skandinavien und Osteuropa bis zum Schwarzen Meer erstreckte sich im Norden Mitteleuropas ein aus roten Sandsteinen und bunten Tonen gebildeter Kontinent, der sog. Old-Red-Kontinent. Südlich dieses „Alten Rotlandes" hatte sich ein Sedimentationstrog ausgebildet, aus dem später die variskischen Gebirge (z. B. das Rheinische Schiefergebirge) aufgefaltet wurden.

Zur Zeit des *Mitteldevon* dehnte sich das Devonmeer noch aus. Er reichte schließlich bis zum Französischen Zentralplateau, zu den Vogesen und zum Schwarzwald. Teile von Sachsen sowie die Sudeten wurden überflutet. Zeitweilig stand das Devonmeer mit den osteuropäischen Meeren in Verbindung.

Die geologischen Schichten des Devon im Raum Meinerzhagen bestehen aus einer Wechselfolge von „weicheren" Tonschiefern und „härteren" Sandsteinen (Grauwacken) (vgl. Anschauungsstücke in der Vitrine).

Die Abdrücke eingeschlossener Meerestiere bezeugen marine Lebensbedingungen. Wir finden Muscheln, Armfüßer, Schnecken, „Seelilien", Trilobiten (vgl. Sammlung und Literatur).

Anlage 21:
VORTEST „ERDGESCHICHTE“

1. Schreibe Namen von Steinen auf

   ....

   ....

   ....

2. Es gibt Steine, die der Mensch *hergestellt* hat.
   Nenne solche „künstlichen“ Steine!

   ....

   ....

   ....

3. Welche Arten von „natürlichen Steinen“ (= Gestein) kennst Du?

   a) Nenne Namen von „natürlichen Steinen“, die Du schon in der *Natur gesehen* hast!

      ....

      ....

   b) Nenne solche, die Du in *Sammlungen oder Ausstellungen* (Museum, Schaufenster, Verkaufsstände) *gesehen* hast!

      ....

      ....

4. Wenn Dir Gesteine gut bekannt sind, beschreibe sie

   Name der Gesteinsart ....

   ....

   ....

   Aussehen (Form und Farbe) ....

   ....

   ....

   Bestandteile (woraus besteht das Gestein?) ....

   ....

   ....

5. Hast Du schon einmal Gesteine gesehen, in den Pflanzen- oder Tierformen zu erkennen waren?

   ☐ ja ☐ nein

6. In dem Gestein unserer Umgebung sind an manchen Stellen kleine *Meerestiere* (Muscheln, Schnecken, Korallen u. a.) abgebildet. Wie kannst Du Dir das erklären?

   ....

   ....

   ....

7. Abdrücke von Meerestieren findet man nicht nur im Tiefland, sondern auch im Bergland und sogar in den höchsten Gebirgen der Erde. Wie mögen sie dorthin gelangt sein?

   ....

   ....

   ....

   ....

   ....

   ....

   ....

   ....

   ....

   ....

   ....

   ....

△ Abb. 11:
Schullandheim Meinerzhagen/Sauerland (460 m NN)

◁ Abb. 13:
Sonnenscheinschreiber vor dem Schullandheim Meinerzhagen

Abb. 12:
Wettermeßhütte im Innenhof des Schullandheims Meinerzhagen (Bodenthermometer verdeckt)
▽

7 Zusammenfassung

Es wurden in mehrjähriger Beobachtung und Betreuung von Schulklassen, die während ihrer einwöchigen Aufenthalte im Schullandheim Meinerzhagen Unterrichtsprojekte zu Themen der Geographie oder des geographischen Sachunterrichts im Rahmen der Modellversuche durchführten, geeignete Objekte und Arbeitsformen erkundet und entsprechende Arbeitsmittel entwickelt und erprobt. Als in diesem Sinne „geeignet" wurden Themen angesehen, die mehreren Kriterien entsprachen. Sie sollten

- für den Naturraum bzw. für die (überwiegend agrarwirtschaftliche) Nutzung des Raumes von Bedeutung sein,
- in der unmittelbaren Umgebung des Schullandheims bzw. an zu Fuß erreichbaren Zielen erarbeitet werden können,
- unter den besonderen Bedingungen eines mehrtägigen Heimaufenthaltes und mit der hierfür verfügbaren räumlichen und instrumentellen Ausstattung vorteilhaft durchgeführt werden können,
- sich von den traditionellen „Schulthemen" inhaltlich, vor allem aber methodisch in den angewendeten Arbeitsformen abheben,
- den Schülern als „alternative Unterrichtsformen" Freude bereiten und sie motivieren.

Von den unter diesen Aspekten möglichen und auch teilweise erprobten Themen und Zielen geographischer Feldarbeit (vgl. S. 10—16) wurden im Rahmen der Modellversuche drei ausgewählt, die sich bereits für 4. Klassen der Primarstufen eignen und auch auf andere Schullandheimstandorte übertragbar sind: „Strukturwandel in der Landwirtschaft", „Elementare wetterkundliche Messungen und Beobachtungen" sowie „Gesteine und Fossilien als Zeugnisse der Erdgeschichte" [15]). Vor allem für diese Themen wurden Schüler arbeitsmittel und Tests entwickelt (Anlagen 1—21) und Arbeitsformen erprobt. Die systematischen Beobachtungen und Lernzielüberprüfungen konnten aus personellen und technischen Gründen nicht immer — wie ursprünglich geplant — in statistisch hinreichend abgesicherten Ermittlungs- und Darstellungsformen der Unterrichtsforschung wiedergegeben werden. Die gewonnenen Erfahrungen der Untersuchenden bei der Entwicklung und dem Einsatz der Arbeitsmittel im Rahmen der Lehrerausbildung und -fortbildung, ihre direkten Beobachtungen als Begleiter von Schulklassen und die Befragung der beteiligten Klassen- und Fachlehrer in vielen Gesprächen ergaben jedoch auch ohne die statistisch ermittelten Ergebnisse die Grundlage für eine rundum positive Aussage zu Projektarbeiten im Schullandheim. Sie läßt sich — etwas generalisierend und damit auch auf andere Schulfächer und Standorte übertragbar — etwa so zusammenfassen:

Arbeitsvorhaben im Schullandheim sollten sich inhaltlich und methodisch von den durchschnittlichen Möglichkeiten des „traditionellen Schulunterrichts“ bewußt stark abheben. Sie sollten — zumindest bei den Fächern und Themen, bei denen die Erkundung der realen Umwelt im Vordergrund steht — die Schüler bei der Planung und Durchführung des Projekts so weit wie möglich mit einbeziehen. Sie sollten Ergebnisse herbeiführen, die aus der selbständigen Erkundung und eigenen Reflexion der Wirklichkeiten der neuen Umgebung entstammen. Solche Projekte können sowohl in Vorbereitungs- und Auswertungsphasen des Schulunterrichts mit eingebunden sein als auch (besonders bei längeren Heimaufenthalten) auf den neuen Standort und die neue Lernsituation begrenzt werden. In jedem Falle werden die unterrichtlichen, erziehlichen und persönlich erlebnishaften Möglichkeiten eines Schullandheimaufenthaltes durch projektorientierte Erkundungsvorhaben wesentlich bereichert [16]).

8 Anmerkungen und Mitarbeiter (1975—1979)

8.1 Anmerkungen

[1]) Arbeitskreis Schullandheim Meinerzhagen
(Koordinator: Rektor Günter Wellnitz, 5800 Hagen, Schulzentrum Eilpe).

[2]) Vgl. die beigefügten Arbeitsmittel 1—21 zu den entsprechenden Kapiteln.

[3]) Beteiligte Hagener Schulen: s. unter „Mitarbeiter“.

[4]) Studienseminar für das Lehramt an Grund- und Hauptschulen, Gevelsberg.
(Leiter: E. Schinkel)

[5]) Einen knappen Überblick über den Strukturwandel in der Landwirtschaft und im ländlichen Raum geben folgende Hefte der Reihe „Fragenkreise“ (Ferd. Schöningh, Paderborn und Blutenburg-Verlag, München):

1. Bartels, Dietrich:	Die heutigen Probleme der Land- und Forstwirtschaft in der Bundesrepublik Deutschland, 1963, 6. Aufl. 1976, Best.-Nr.: 23160
2. Henkel, Gerhard:	Der Strukturwandel ländlicher Siedlungen in der Bundesrepublik Deutschland, 1976, Best.-Nr.: 23507
3. Windhorst, Hans-Wilhelm:	Spezialisierung und Strukturwandel in der Landwirtschaft, 1974, 2. Aufl. 1976, Best.-Nr.: 23480

Für die Primar- und Sekundarstufen didaktisch aufbereitetes Material zu Fragen der Landwirtschaft ist zu beziehen über die
Informationsgemeinschaft für Meinungspflege und Aufklärung e.V. (IMA)
Alexanderstraße 3, 3000 Hannover.

6) Vgl. Kap. 4.3

7) Vgl. Dege, W. und H. Kersberg: Lehrer und Schullandheim. In: Das Schullandheim 4/1978, Sonderdruck

7a) Ortskartierungen in Redlendorf durch Schüler der 4. Klassen von Grundschulen untersuchten im Rahmen ihrer Staatsarbeit an der PH Ruhr M. Kunz und J. Meier (1979): Die Schüler jeder Klasse wurden in zwei Gruppen aufgeteilt. Während die eine Gruppe auf Anleitungen und Hinweise des Fachlehrers hin die Ortskartierung durchführte, sollte die andere, in Zweiergruppen unterteilt, die Ortskartierung selbständig durchführen. Sowohl das Unterrichtsgespräch in der ersten Gruppe als auch die Schülerkommunikation in den selbständig arbeitenden Kleingruppen wurden auf Tonband aufgenommen. Diese wurden hinsichtlich der Lernprozesse analysiert und ausgewertet. Anschließend wurden in der Schule zwei Nachtests durchgeführt, die zeitlich 3 Wochen auseinander lagen. Dabei sollte die Lernwirksamkeit in beiden Gruppen untersucht werden. Z. Zt. dieser Drucklegung ergeben sich bereits folgende Tendenzen: Größere Arbeitsintensität und stärkere Motivation zeigen sich bei den selbständig arbeitenden Schülern. Bessere Behaltensleistungen dieser Schüler lassen sich noch nicht signifikant belegen.

8) Die mit der Neufassung des Tests beabsichtigte computerunterstützte quantitative Analyse konnte wegen eingegangener Fehler bis zur Drucklegung nicht vorgenommen werden.

9) In zahlreichen ländlichen Fremdenverkehrsgebieten ist neuerdings eine stark zunehmende Pferdehaltung im Rahmen des Freizeitangebotes zu beobachten.

10) Der Fragebogen wird im Rahmen dieser Darstellung kurz „Vortest" genannt.

11) Die Aufgaben sind hier in Kurzform angegeben (vgl. Fragebogen, Anlage 14).

12) Verwendete Abkürzungen:
G = Gesamt (Jungen **und** Mädchen)
M = Mädchen J = Jungen
Weichen die Ergebnisse von Jungen und Mädchen nicht signifikant voneinander ab, so werden nur die Durchschnittswerte für alle Schüler (G) angegeben.

13) Vgl. G. Niemz: Quantitative und fachdidaktische Forschung. In: W. W. Puls: Quantitative Methoden in Forschung und Didaktik der Geographie. Beiheft Geographische Rundschau 3/1977, S. 123.

14) Die Unterrichtsforschung ist wegen einer zu geringen Auswahl verläßlicher Untersuchungen, bei der als Durchschnittsleistungen relative Lösungshäufigkeiten zwischen 45 % und ca. 70 % auftreten, noch nicht in der Lage, verbindliche Richtwerte anzugeben.

15) Über die einzelnen Verlaufsphasen der hier beschriebenen Projekte wurden Dia-Serien sowie ein Super-8-Film zusammengestellt.

[16]) Vgl. Kersberg, H.: Geographische Feldarbeit im Schullandheim — Erfahrungen im Rahmen von Modellversuchen mit vierten Schuljahren (Primarstufe) in: Symposion Prozeßanalysen geographischen Unterrichts (Geographiedidaktische Forschungen, Band 6), Braunschweig (Westermann), 1980, S. 8—52.

8.2 Mitarbeiter (1975—1979):

An der Durchführung der einzelnen Projekte beteiligten sich zahlreiche Hagener Schulen. Vielen Lehrern, die hier nicht einzeln genannt werden können, ist zu danken für ihre Mitarbeit, für Anregungen und sonstige Hilfen, die sie insbesondere den Studenten gewährten. Ebenso ist zu danken den angestellten Mitarbeitern im Schullandheim Meinerzhagen, Herrn Risch und Herrn Zyglowski, für die Betreuung der Geräte, sowie der Landwirtsfamilie Tweer in Redlendorf für die jahrelange wohlwollende Aufnahme der Schulklassen und ihre unermüdliche Bereitschaft zu Auskünften und Erläuterungen.

Folgende Hagener Schulen führten die im Rahmen des Modellversuchs entwickelten Projekte ganz oder teilweise durch und setzten die zur Verfügung gestellten Arbeitsunterlagen für Schüler ein:

Grundschulen:

GS Boloh, GS Goethe, GS Frhr. vom Stein, GS Knapp, GS K. E. Osthaus, GS Westerbauer, GS Emst, GS H. Löns, GS Kuhlerkamp, GS Parkschule, GS Schulstraße, GS Lützowplatz, GS Overberg, GS Bergstraße, GS Im Kley

Hauptschulen:

HS Eilpe, HS Westerbauer, HS Heubing, HS Boelerheide, HS Wehringhausen

Sonderschulen:	Studienseminar:
SS Boelerheide	Gevelsberg

Für die organisatorische Mitarbeit im „Arbeitskreis Schullandheim" ist besonders zu danken den Herren G. Wellnitz, R. Siegel und E. Kiss, für die zusätzliche Bereitstellung von Film- und Bildmaterial den Herren H. Dönneweg, F. Gröl, J. Höinghaus, M. Kunz und Thorwesten.

Folgende Studenten der Pädagogischen Hochschule Ruhr haben bei der Planung und Durchführung der Projekte in freiwilligen Arbeitskreisen während ihres Studiums mitgewirkt: Ralf Achterberg, Heidrun Achterberg, Barbara Ahrens, Ulrike Arnscheidt, Gabriela Behne, Christiane Bödeker, Eberhard Bordscheck, Elke Breitkopf, Ulrike Bröcker, Rolf Brüggendieck,

Henner Dönneweg, Margret Förster, Jutta Gentgen, Marion Geyer, Gisela Herbold, Klaus Klammer, Christiane Kuck, Martin Kunz, Rita Littwinski, Ute Marggraff, Jutta Meier, Irmgard Meyer, Karin Oelschläger, Sabine Poggenpohl, Erni Pretel, Katharina Rausch, Lydia Schmidt, Gudrun Schoppe, Sigrid Schotemeyer, Dorothea Sperka, Elke Stievermann, Karin Tatje, Christiane Uhlemann, Anne Urkötter, Eckart Zuber.

9 Verzeichnis der Abbildungen und Anlagen

Abbildungen (Fotos)

Seite

Anlagen (Arbeitsmittel)

Die Erkundung der Berufs- und Arbeitssituation im Bereich der Landwirtschaft

Zusammenfassender Bericht über die Projektarbeit mit einer 9. Hauptschulklasse im Schullandheim Berglergrund in Pleystein

MANUEL S. GOLTSCHE

Das Schullandheim Berglergrund liegt in dem kleinen Oberpfälzer Städtchen Pleystein im Bayerischen Wald. Träger des Heims ist die „Vereinigung der Freunde der 6. Oberschule (OH) Berlin-Neukölln e. V." Daher wird dieses Heim überwiegend mit Berliner Klassen belegt. Die Aufenthaltsdauer beträgt in der Regel 2 Wochen. Aufgrund der Größe des Heimes (36 Betten) ist es für die Belegung mit einer Klasse geeignet.

Da der Standort des Schullandheimes gute Voraussetzungen zur Erkundung der Berufs- und Arbeitssituation im Bereich der Landwirtschaft bietet, entschloß sich die Klasse, im Rahmen des Schullandheimaufenthaltes durch Realbegegnungen und Arbeiten vor Ort sich mit den vielfältigen Fragen und Problemen der Landwirtschaft auseinanderzusetzen.

1 Sachanalyse: Zur Entwicklung der Landwirtschaft in der Bundesrepublik Deutschland

„Agrarpolitik ist in unserer Zeit eine Politik für alle Menschen, die im ländlichen Raum arbeiten oder dort Erholung und Ruhe suchen oder die Landwirtschaft brauchen. Es bleibt deshalb auch im Interesse der Verbraucher ein Ziel dieser Politik, eine leistungsstarke Landwirtschaft zu erhalten, die gleichrangiger Bestandteil einer modernen Volkswirtschaft ist."

So heißt es bereits in der Regierungserklärung des Jahres 1974. Zu den Schwerpunkten einer solchen Agrar- und Ernährungspolitik gehören danach:

„1. Verbesserung der Lebensverhältnisse im ländlichen Raum sowie gleichrangige Teilnahme der an der Land-, Forstwirtschaft sowie in der Fischerei Tätigen an der allgemeinen Einkommens- und Wohlstandsentwicklung.

2. Versorgung der Bevölkerung mit qualitativ hochwertigen Produkten der Agrarwirtschaft zu angemessenen Preisen.

3. Beitrag zur Lösung der Weltagrar- und Ernährungsprobleme sowie Verbesserung der agrarischen Außenwirtschaftsbeziehungen.

4. Erhaltung und Wiederherstellung sowie Entwicklung der Leistungs- und Nutzungsfähigkeit von Natur und Landschaft; Verbesserung des Tierschutzes." [1]

[1] Deutscher Bundestag Drucksache 7/3210 Seite 69

Wie kann die Situation der Landwirtschaft heute beschrieben werden? Welche Veränderungen hat es gegeben? Und welcher Zusammenhang besteht zwischen der Entwicklung in der Landwirtschaft und der in der Gesamtwirtschaft?

„Der strukturelle Wandel in der Landwirtschaft zeigt sich insbesondere in der zurückgehenden Zahl der in der Landwirtschaft Tätigen, in der Veränderung der Betriebsgrößenstruktur und in dem ständig zunehmenden Kapitaleinsatz. Hinzu kommt, daß immer mehr Haupterwerbslandwirte eine außerlandwirtschaftliche Erwerbstätigkeit aufnehmen und ihren Betrieb im Nebenerwerb weiterbewirtschaften. Der schrittweise Übergang vom Beruf des Landwirts zu einem anderen und die Kombination von zwei Einkommensquellen (. . .) sind Erscheinungen, die in ihrer zahlenmäßigen Bedeutung und Vielfalt die Lebensverhältnisse der ländlichen Bevölkerung gegenüber anderen Bevölkerungsgruppen besonders kennzeichnen und zum Teil auch begünstigen. Nebenerwerbslandwirtschaft ist in vielen Fällen die nächstliegende Möglichkeit, soziale Belastungen beim Berufswechsel zu mildern und Vermögenswerte zu erhalten.“ [2]

„Das Ausmaß dieses Wandels wird im wesentlichen von drei Faktoren bestimmt:

- den Unterschieden in Einkommens- und Lebensverhältnissen zwischen Landwirtschaft und übriger Wirtschaft,
- dem Angebot an außerlandwirtschaftlichen Arbeitsplätzen in den ländlichen Gebieten und
- dem Anpassungsvermögen und der Anpassungsbereitschaft der in der Landwirtschaft Tätigen.“ [3]

Allein von 1949–1973 ging die Zahl der Höfe in der Bundesrepublik Deutschland um mehr als die Hälfte zurück. Demgegenüber vergrößerte sich allerdings die durchschnittliche Wirtschaftsfläche der Betriebe um das Doppelte. Seit 1960 wurden durchschnittlich jährlich 40 000 Betriebe aufgegeben. Dieser bemerkenswerte Rückgang war und ist aber hauptsächlich auf kleinere Unternehmen beschränkt. Die Zahl der Betriebe über 20 ha landwirtschaftlich genutzter Fläche nahm dagegen zu. In den vergangenen Jahrzehnten waren immer weniger Menschen in der Landwirtschaft beschäftigt. Die Abwanderungsrate aus der landwirtschaftlichen Erwerbstätigkeit konnte aber in den Jahren 1973/74 deutlich verlangsamt werden.

Während sich die Zahl der Erwerbstätigen in der Landwirtschaft von 1964–1974 um durchschnittlich 4,5 % pro Jahr verminderte, betrug 1973 die Abnahmerate gegenüber dem Vorjahr 4,1 % und lag 1974 bei 3 %. Insgesamt waren 1974

[2] a.a.O., S. 21
[3] a.a.O., S. 21

1,9 Millionen Personen in der Land- und Forstwirtschaft beschäftigt, davon 1,3 Millionen Vollarbeitskräfte. Das bedeutet eine Abnahme gegenüber dem Vorjahr von 3 % (gegenüber den vorangegangenen zehn Jahren ist dies sogar eine Abnahme von durchschnittlich 4,4 % jährlich). Dieser Rückgang ist vor allem durch die Verminderung der ausschließlich in der Landwirtschaft beschäftigten Familienarbeitskräfte bedingt. Die Zahl der teilbeschäftigten Familienarbeitskräfte, die hauptberuflich einer anderen Erwerbstätigkeit nachgehen, hat sich dagegen in den letzten zehn Jahren kaum verändert.

In der Bundesrepublik wirtschafteten 1973 381 000 Nebenerwerbsbetriebe. Das sind 39 % der Gesamtbetriebszahl und 15 % der gesamten landwirtschaftlich genutzten Fläche. Diese Höfe werden nur nebenberuflich betrieben, die Inhaber gehen einer außerbetrieblichen Hauptbeschäftigung nach (z. B. Bauarbeiter). Zuerwerbsbetriebe werden zwar noch hauptberuflich bewirtschaftet, erfordern aber außerbetrieblichen Zuerwerb (z. B. Milchfahrer). Diese Zuerwerbsbetriebe hatten 1973 mit einer Zahl von 171 500 einen Anteil von 18 % an der Gesamtbetriebszahl und bewirtschafteten 13 % der landwirtschaftlich genutzten Fläche im Bundesgebiet. [1)]

Es ist aber nicht zu verkennen, daß es der Landwirtschaft in der Bundesrepulik gelungen ist, sich der Entwicklung der Gesamtwirtschaft anzupassen. Sie veränderte in wenigen Jahrzehnten ihr Produktionsvolumen, ihre Produktionsweise und ihr Marktverhalten laufend. Nur so war es möglich, sich dem wirtschaftlichen und sozialen Prozeß stellen zu können und mit einem hohen organisatorischen und technischen Niveau in der Spitzenklasse der Weltwirtschaft zu rangieren.

Die Gründe für die Steigerung der Produktivität sind vor allem im zunehmenden Kapitaleinsatz und in dem höheren Bildungsstand der Landwirte begründet. Dazu kommen agrartechnische Fortschritte in der Landtechnik, in der Pflanzen- und Tierzüchtung, aber auch in der Pflanzen- und Tierernährung und -hygiene („grüne Revolution"). Zudem versuchten viele Landwirte durch Spezialisierung auf ein oder wenige Produkte eine weitere Kostensenkung zu erreichen. Im Rahmen dieser Maßnahmen konnte dann auch in der Regel eine Rationalisierung der Produktionsgänge stattfinden (Einsatz von arbeitssparenden Maschinen). Dadurch war und ist es dem Landwirt möglich, die Gesamtkosten relativ niedrig zu halten, die Produktion aber weiter auszudehnen.

---

1) Bundeszentrale für politische Bildung (Hrsg.): „Die Landwirtschaft in der Industriegesellschaft". in: Informationen zur politischen Bildung, H. 158, Bonn, 1974, Seite 16

Neue Betriebsformen im Sinne von landwirtschaftlichen Kooperationsbetrieben wurden gesucht. Sie haben, wenn auch im kleineren Umfange, isolierte Formen der landwirtschaftlichen Erzeugung aufgehoben und neue Möglichkeiten der Zusammenarbeit geschaffen.

Bei einer überbetrieblichen Produktionszusammenfassung (d. h. selbständige Landwirte nutzen Maschinen, Geräte und Gebäude nach verschiedenen Verfahren gemeinschaftlich) werden aus den Einzelbetrieben bestimmte Betriebszweige ausgegliedert und gemeinsam betrieben. Das senkt die Kosten und spart Arbeitskräfte. Maschinen, Gebäude und Boden werden optimal genutzt. Der einzelne Landwirt behält aber seine volle Selbständigkeit im übrigen Betrieb.

Mögliche Formen einer solchen Produktionszusammenfassung sind:

> Maschinenringe (landwirtschaftliche Maschinen sind im Einzeleigentum der Bauern, sie werden jedoch über eine zentrale Vermittlung gegen Entgelt an andere Landwirte vermietet), Maschinengemeinschaften (Landwirtschaftsmaschinen sind im gemeinsamen Eigentum einer Genossenschaft, an der die Landwirte als Mitglieder beteiligt sind) und Silogemeinschaften (von mehreren Landwirten wird ein Silo zur Lagerung von Futtergetreide gemeinschaftlich gekauft und genutzt).

2 Begründung und Ziele des Projektes

Schüler einer Hauptschule in der Großstadt Berlin werden im allgemeinen wenig Kontakt zur Landwirtschaft haben. Nur in den Randbezirken der Stadt kommen Berliner mit der Landwirtschaft stärker in Berührung.

Durch das dargestellte Unterrichtsprojekt sollte nun der Versuch unternommen werden, den Schülern einer 10. Hauptschulklasse in Ansätzen die Bedeutung und Problematik der Landwirtschaft im gesamtgesellschaftlichen Rahmen zu verdeutlichen.

Wie wichtig die Behandlung dieses Themas im Unterricht ist, beweisen die Ergebnisse einer Untersuchung über „Einstellungen und Haltungen von Schülern zur Landwirtschaft“ [1)] bei der Schüler und Schülerinnen der 8. Klassen aller Schultypen befragt wurden. Bei den Jugendlichen waren Vorurteile, unzurei-

---

1) Die Untersuchung wurde im Auftrag der Informationsgemeinschaft für Meinungspflege und Aufklärung e. V., Hannover, einem Gemeinschaftsunternehmen der Bauernverbände, durchgeführt und veröffentlicht.
In: Landwirtschaft im Unterricht, Modell für allgemeinbildende Schulen.
Teil 1, Hannover 1974

chendes Wissen, veraltete Vorstellungen und Mißverständnisse über die Landwirtschaft und das Leben der Landwirte sowie irrationale Einstellungen vorherrschend. Schüler sollten aber nach Abschluß ihrer Schulzeit in der Lage sein, wirtschaftliche und soziale Vorgänge auch in ihrem weiteren Umfeld selbständig und kritisch zu werten und einzuordnen. Es wäre daher ein Erfolg dieses Projektes, wenn die Schüler lernen würden, den sich auf allen Lebensgebieten abzeichnenden Veränderungen (wie z. B. in der Landwirtschaft) verständnisvoll und kritisch zu begegnen.

Intentionen und Lernziele zu einem Unterrichtsprojekt „Landwirtschaft“:

Intentionen

Durch das Unterrichtsprojekt sollen

- die Verständnisbereitschaft der Schüler gegenüber landwirtschaftlichen Fragen geweckt werden,
- Vorurteile gegenüber der Landwirtschaft abgebaut werden,
- die Fähigkeit zu logischem und analytischem Denken (wie z. B. die Fähigkeit, Abhängigkeiten bestimmter Faktoren voneinander zu erkennen) erhöht und die Kritikfähigkeit ausgebildet werden.

Die Schüler sollen erkennen,

- welche Strukturprobleme in der Landwirtschaft bestehen,
- daß diese gelöst werden müssen,
- welche Möglichkeiten der Landwirtschaft offenstehen, sie zu lösen,
- daß Strukturveränderungen in der Landwirtschaft der Bundesrepublik von allen Betrieben Anpassung und Rationalisierung zur Sicherung ihrer Existenz erfordern,
- daß die Landwirtschaft sich in kurzer Zeit an die veränderten gesamtwirtschaftlichen Entwicklungen anpassen mußte,
- daß die Landwirtschaft ein hochtechnisierter, rationell wirtschaftender Wirtschaftszweig ist, der dem Landwirt Wissen (biologische, technische und ökonomische Fragen) abverlangt,
- daß die Landwirtschaft ein integrierter Bestandteil der Volkswirtschaft ist und beide sich gegenseitig beeinflussen,
- daß die Agrarpolitik ein wichtiges Entscheidungsfeld der Gesamtpolitik ist.

Lernziele

a) Kognitive Lernziele:

Die Schüler sollen erkennen

- daß ein Bauernhof ähnlich wie ein Industrieunternehmen geführt werden muß, in dem betriebswirtschaftliche und technologische Gesichtspunkte und Aspekte der Arbeitssteilung und Organisation, der Lagerhaltung und Beförderung, des Einkaufs und Verkaufs eine wichtige Rolle spielen,
- daß die Veränderung der Agrarstruktur das Berufsbild und die Anforderungen des Landwirts oft stark belasten und sogar zum Scheitern seiner Existenz führen können.
- daß die Agrarstruktur in der Bundesrepublik und in Europa durch die Entwicklung der Industriegesellschaft und die EWG-Verträge rasch verändert wird,
- daß es neben der Technisierung und Rationalisierung biologische und chemische Mittel zur Steigerung der Produktion gibt,
- wie es mit der Arbeits- und Freizeit und der Sozialfürsorge des Landwirts steht,
- daß die Ausbildungs- und Erwerbsmöglichkeiten für die ländliche Bevölkerung meist geringer als in der Stadt sind,
- daß der Staat die betriebliche Umstellung oder die Umschulung des Landwirts unter bestimmten Bedingungen fördert.

b) Instrumentelle Lernziele:

Die Schüler sollen lernen

- Informationen zu sammeln, zu sichten, auszuwerten und zu bewerten,
  in Gruppenarbeit Interviews vorzubereiten und durchzuführen,
- ein Planspiel durchzuführen, dabei in Gruppenarbeit mögliche Verhaltensweisen zu einer Konfliktsituation zu finden, Alternativen zu entwickeln, Vor- und Nachteile von ermittelten Lösungsvarianten zu durchdenken, die Konsequenzen und Risiken einer zu treffenden Entscheidung zu begründen und zu verteidigen,
- sich im sachgemäßen Auswerten und Interpretieren von Lichtbildern, Fotos, Filmen, Statistiken, Diagrammen, Tonbändern und Texten zu üben,
- Daten, Tabellen und Übersichten in Einsichten umzusetzen. [1]

[1] Die Lernziele sind zum Teil entnommen aus: F. J. Kaiser u. R. Knapp: Der Hof des Landwirts T. wird unrentabel! Lehrerheft zur Fallstudie, Stuttgart 1973

3 Beschreibung des Unterrichtsprojektes

3.1 Durchführungsphase in der Schule

Vor Beginn des Projektes wurde ein Vortest und nach Abschluß des Projektes ein Nachtest eingesetzt und ausgewertet. Beide Tests waren gleichlautend (siehe Anlage 1).

Als Einstieg in das Projekt wurde eine Lehrwanderung durchgeführt, die die Klasse in den Berliner Stadtteil Lübars führte. Hier fanden erste Begegnungen mit der Berliner Landwirtschaft statt.

In Anlehnung an die Unterrichtseinheit von B. Meyer (1975) [1] wurden dann mit den Schülern noch in Berlin 12 Unterrichtsstunden für die Hinführung zum Thema Landwirtschaft, für die Erarbeitung und Diskussion einzelner Probleme und Fragestellungen in der Landwirtschaft und für die Durchführung des Planspiels verwandt. Die einzelnen Stundenabläufe sollen hier nur kurz skizziert werden.

1. Unterrichtsstunde

Hinführung zu dem Thema „Landwirtschaft"

Gezeigt wurde ein Unterrichtsfilm: „Der Bauer zwischen gestern und morgen". Die Schüler erhielten Informationen über Probleme der Landwirtschaft. Trotz einer Fülle von Einzelheiten, die die Schüler nur zum Teil aufnehmen konnten, schienen sie durch das eingesetzte Medium Film doch sehr stark motiviert zu sein. Es war eine große Bereitschaft vorhanden, sich mit dem Thema auseinanderzusetzen.

2. Unterrichtsstunde

Unterrichtsgespräch: *Gegenseitige Informationen über vorhandene Kenntnisse und Einstellungen*

3. Unterrichtsstunde

Problemstellung: *Arbeitsformen in der Landwirtschaft früher und heute*

Anhand von Dias sollte den Schülern verdeutlicht werden, wie Maschinen die Arbeit des Landwirts erleichtern und Arbeitszeit bzw. Arbeitskräfte eingespart

[1] B. Meyer: Strukturprobleme der Landwirtschaft in der Bundesrepublik Deutschland in Planung, Durchführung und Analyse der Unterrichtseinheit in einer 10. Klasse der Hauptschule; Arbeit zum 2. Staatsexamen für das Amt des Lehrers, Berlin 1975

werden. Zusätzliche statistische Informationen über die Mechanisierung der Landwirtschaft wurden durch eine Tabelle und einen kurzen Text veranschaulicht.

4. Unterrichtsstunde

Unterrichtsgespräch: *Genossenschaften einst und jetzt*

Durch den Einsatz eines Hörspiels [2] konnten den Schülern wichtige Informationen und zusätzliche Erläuterungen über die Genossenschaftsbewegung und deren Aufgaben vermittelt werden. Die agrarhistorische Seite dieses Problemfalles war bereits aus dem Geschichtsunterricht bekannt.

5. Unterrichtsstunde

Unterrichtsfilm: *Kooperation in der Landwirtschaft*

Der Film vermittelte Informationen über Möglichkeiten der Kooperation landwirtschaftlicher Betriebe. Die Auswertung erfolgte in einem Unterrichtsgespräch. Hier wurde das Für und Wider einer solchen Zusammenarbeit ausgiebig diskutiert. Fragen der Kooperation in der Vermarktung und im Einkauf wurden aus Zeitgründen nur kurz angesprochen. Das Interesse der Schüler an diesem Themenkomplex war groß.

6. Unterrichtsstunde

Unterrichtsgespräch: *Arbeitskräfte in der Landwirtschaft*

7./8. Unterrichtsstunde

Arbeit an Originaltexten (Agrarbericht der Bundesregierung)

Bei der Bearbeitung und Auswertung des Originaltextes durch Gruppen zeigte es sich, daß die Schüler Schwierigkeiten beim Verständnis des Berichtes hatten. Der Lehrer mußte sehr häufig Hilfestellungen und Erklärungen geben. Trotzdem versuchten die Gruppen mit wachsendem Erfolg, den vielschichtigen Text zu erfassen und aufzugliedern und im Gruppengespräch die auftretenden Fragen miteinander zu klären. Dennoch muß aus dem vergleichsweise stockenden Gespräch der Stunde geschlossen werden, daß der Lehrer in Zukunft weitere Hilfen zum besseren Verständnis eines solchen Berichts an die Hand geben muß.

[2] Landesbildstelle Berlin: TB 363 „Raiffeisen gründet die ersten Genossenschaften"

9./10. Unterrichtsstunde

Planspiel: *Problemfeld Flurbereinigung*

Bereits eine Woche vor der Durchführung des Planspiels wurden die verschiedenen Materialien [1] ausgeteilt und die Rollen verteilt. So konnten sich die Schüler bereits im Hause mit dem Problemfeld auseinandersetzen.

Während der zwei Stunden, die für dieses Spiel angesetzt worden waren, zeigte es sich allerdings, daß im Entwurf zu viele verschiedenartige und ineinanderübergreifende Probleme enthalten waren, die in der Kürze der Zeit gar nicht angemessen berücksichtigt werden konnten. Nicht zuletzt deshalb wurden oft von den Teilnehmern überstürzte Entscheidungen getroffen (z. B. der Austausch der Äcker u. a.). Auch waren die Schüler damit überfordert, sich in einen derartig komplexen Zusammenhang hineinzudenken, ihn nachzuvollziehen und nachzuspielen. Bei einer Wiederholung eines solchen Spiels sollte überlegt werden, ob eine Konzentration auf einzelne Problemfelder (etwa Anlage der Feldwege oder Tausch der Äcker) nicht eher angebracht wäre.

Während des Planspiels zeigte es sich zudem, wie sehr die Schüler sich mit ihren jeweiligen Rollen identifizierten und einzelne sich an ein starres Raster klammerten. Nur wenige waren bereit und fähig, Kompromißvorschläge einzugehen. Leider hatten die Schüler auch aufgrund ihrer großstädtischen Umwelterfahrungen große Schwierigkeiten, die Problematik und die Auswirkung für die einzelnen Personen wirklich nachzuvollziehen. So wurden Diskussionen oft durch Vorschläge behindert, die vom eigentlichen Thema weit abführten.

Hier erwies sich die Besetzung der Rolle des Leiters der Flurbereinigungskommission als besonders günstig. Der Schüler war äußerst redegewandt und taktierte so geschickt, daß er trotz der geschilderten Schwierigkeiten die Gespräche stets zu einem akzeptablen Ende führen konnte. Er war es auch zumeist, der seine Mitschüler immer wieder dazu anhielt, konkrete Lösungsvorschläge zu erarbeiten.

Trotz all dieser Einschränkungen muß festgehalten werden, daß diese Form der Unterrichtsgestaltung von den Schülern mit viel Begeisterung aufgenommen und trotz der Anlaufschwierigkeiten als willkommene Abwechslung begrüßt worden ist. Nach Ende des Gesamtprojektes wurde von den Schülern vorgeschlagen, auch solche zeitaufwendigen Planspiele während der Schullandheimaufenthalte durchzuführen.

---

[1] Wegen des Umfangs der Materialien ist ein Abdruck an dieser Stelle nicht möglich; Interessierte wenden sich bitte direkt an die Autoren des Beitrages.

11. Unterrichtsstunde

Unterrichtsfilm: *„Dorf im Wandel"*

Der Film vermittelte den Schülern Informationen zum Thema „Strukturwandel in der Landwirtschaft". Als Ergebnis des gemeinsamen Gesprächs konnte festgestellt werden, daß nur rationell arbeitende Betriebe, die mit den nötigen technischen Hilfsmitteln ausgestattet sind, auf dem deutschen und europäischen Agrarmarkt konkurrenzfähig sind.

12. Unterrichtsstunde

Wiederholung und Vertiefung: *Spezialisierung in der Landwirtschaft*

Der Begriff der „Spezialisierung" war den Schülern aus den vorangegangenen Stunden bekannt. Hier sollten die Kenntnisse wiederholt und vertieft werden. Noch einmal konnte auf die Komplexität des Strukturwandels und deren Abhängigkeit von den verschiedenartigsten Faktoren eingegangen werden. Am Ende der Stunde diskutierten die Schüler die Zukunftsaussichten der Landwirtschaft. Die Diskussion war ein Beweis, daß die Dimensionen der wirtschaftlichen und sozialen Umwälzungen in unserer Gesellschaft und die Auswirkungen des Strukturwandels in der Landwirtschaft den Schülern einsichtig geworden sind. Der Abschlußtest wurde am Ende dieser Stunde geschrieben.

3.2 Durchführung des Projektes im Schullandheim Pleystein

Im folgenden soll in groben Zügen die Durchführung des Projekts während des Schullandheimaufenthaltes dargestellt werden:

FREITAG:

Planung und Vorbereitung der Interviews

Der erste Tag des Aufenthalts war mit der Planung zur Durchführung der Interviews voll ausgefüllt. Hier ergaben sich bereits die ersten Schwierigkeiten, da im Ort Schulferien waren und die angesprochenen Personen entweder Urlaub hatten oder voll im Ernteeinsatz steckten. Nach vielen Telefongesprächen für 13 Termine gelang es uns endlich, einige Landwirte und andere Fachleute für unser Vorhaben zu gewinnen.

Am Nachmittag erarbeitete dann eine Schülergruppe die Fragebögen für die Interviews. Ein wichtiges Kriterium bei der Erstellung dieser Fragebögen war die Vergleichbarkeit der verschiedenen Aussagen. Als erster Bogen entstand das Interview mit den Landwirten.

Um alle Schüler über den Ablauf des Projektes und die anstehenden Termine informieren zu können, wurde ein „Informationszentrum“ im Schullandheim eingerichtet. Dort konnten sich die Schüler z. B. für die anstehenden Interviews melden und eintragen. Die Gesprächspartner wurden nicht nur telefonisch angesprochen, der Projektleiter (wissenschaftlicher Berater) sowie eine kleine Schülergruppe stellten sich den Betreffenden persönlich vor und übergaben auch den Fragenkatalog, so daß die Gesprächspartner sich mit den Fragestellungen vorher vertraut machen konnten. Zur Verdeutlichung wird ein *Informationsblatt* vorgestellt.

Muster des Info-Blattes:

Vorläufige Terminplanung

MONTAG, 10.00 Uhr

Interview beim Landwirt Singer

Abfahrt erfolgt um 9.30 Uhr!

Schwerpunktbereiche des Interviews sollen sein:
wirtschaftliche Situation,
Wandlung der Arbeitsanforderungen,
Strukturwandel in der Landwirtschaft,
Auswirkungen staatlicher Stützungsmaßnahmen,
Sicherheit des „Arbeitsplatzes“.

Mitarbeiter, die an der Vorbereitung teilgenommen haben, sollen auch an der Durchführung dieses Interviews beteiligt werden! Dies gilt auch für alle folgenden Unternehmungen!

Freiwillige Mitarbeiter zur Zusammenstellung eines Fragenkatalogs werden noch gesucht!

Das erste Interview mit einer Bäuerin auf einem 40-ha-Hof (Vollerwerbsbetrieb) bereitete den Schülern noch einige Schwierigkeiten. So hatten sie zum Beispiel Mühe mit der Verständigung, weil sie den heimischen Dialekt kaum verstehen konnten. Deshalb zeigten sie sich recht befangen. Hinzu kamen noch Schwierigkeiten mit dem tragbaren Tonbandgerät. (Die Handhabung hätte man vorher noch eingehender üben sollen.) Am Nachmittag folgte das Gespräch mit dem Amtsvorstand des Wasserwirtschaftsamtes Weiden, der in seinem Amtsbereich mit der Durchführung der Flurbereinigung betraut war. Auch dieses Interview wurde mit einem Tonbandgerät aufgezeichnet. Der Abend war dann ausgefüllt durch einen Erfahrungsaustausch, bei dem die entstandenen Schwierigkeiten besprochen und alternative Vorgehensweisen diskutiert wurden. Dazu kamen außerdem einige Übungen mit den Aufzeichnungsgeräten (Tonband und Video).

DIENSTAG:

Interview im Landwirtschaftsamt Weiden/Erarbeitung eines weiteren Fragenkatalogs

Das Interview mit dem Vorstand des Landwirtschaftsamts war für die Schüler wenig befriedigend, da dieser nur auf wenige Fragen freimütig Antwort gab. Leider konnten die Schüler dem Gespräch auch durch Zwischenfragen keine andere Wendung geben, so griff endlich der Projektleiter ein.

MITTWOCH:

Interview mit einem Landwirt/Straßeninterviews

An diesem Tag konnte zum ersten Mal die Videoanlage eingesetzt werden. Auch hier gab es Schwierigkeiten mit der für die Schüler neuen Technik.

Am Nachmittag wurden dann in Kleingruppen Kurzinterviews in den Städten Vohenstrauß und Weiden gemacht. Die Schüler stellten folgende Fragen:

1. Sind Sie der Meinung, daß es den Bauern zu gut geht?
2. Ist die Schulausbildung auf dem Lande ebenso gut wie in der Stadt?
3. Zum Jahr der Frau: Ist die Frau in der Landwirtschaft im Vergleich mit ihren Geschlechtsgenossinnen in der Stadt gleichberechtigt?

Die Jugendlichen befragten etwa 79 Passanten und nahmen auch diese Gespräche mit einem Videorecorder auf. Diese Statements sollten in den folgenden Tagen mit den Antworten von Landwirten zu den gleichen Fragen verglichen werden. Noch am selben Abend interviewte dann eine kleine Schülergruppe einen CSU-Abgeordneten. Nach einem derart ausgefüllten Programm waren die Teilnehmer dieser Gruppe nicht mehr fähig, dieses Gespräch konzentriert zu beenden.

DONNERSTAG:

Interviews mit der Landbevölkerung

(siehe Fragenkatalog vom vorangegangenen Tag)

Bei den Interviews im Ort verhielten sich die Schüler dank zunehmender Routine immer erfahrener. Da eine Erfolgsprämie (für die meisten Interviews) ausgesetzt worden war, scheuten die Jugendlichen keine Mühe, an die Gesprächspartner heranzukommen. Dabei führte dieses Verfahren dazu, daß mehrere Gruppen dieselben Landwirte befragt hatten. Es erwies sich, daß man auf eine Belohnung hätte verzichten sollen. Die vergleichende Analyse der Gespräche wurde dann noch am Abend durchgeführt.

FREITAG:

Interview mit dem Bayerischen Bauernverband, Weiden

Das Interview fand aus Termingründen nicht statt, wurde aber später mit dem Sekretär des Leiters des Bauernverbandes nachgeholt.

SONNABEND:

Interview mit einem Landwirt (Zuerwerbsbetrieb)

Der Interviewpartner war diesmal ein Jungbauer, der in der katholischen Landjugend engagiert war und sich deshalb mit den Fragen der jungen Generation auf dem Lande gründlich auseinandergesetzt hatte. Hier wurde den Schülern vor Augen geführt, welchen Schwierigkeiten vor allem Kleinbauern ausgesetzt sind. Am Nachmittag trafen die Jugendlichen dann Vorbereitungen für das am kommenden Tag geplante Podiumsgespräch mit dem Bürgermeister von Pleystein und dem Rektor.

SONNTAG:

Podiumsgespräch

Auch hier mußten die Schüler erleben, daß trotz ihrer Vorbereitungen das Gespräch recht unbefriedigend verlief, da die Teilnehmer häufig auswichen und keine konkreten Aussagen machen wollten.

3.2.1 Zusammenfassung und Gesamteindruck

Insgesamt haben sich in den zehn Tagen im Schullandheim 23 Termine (Vorbereitungen eingeschlossen) realisieren lassen. Zur Vorbereitung der Interviews tagten fünfmal die verschiedenen Arbeitsgruppen mit einer beschränkten Teilnehmerzahl. Die Gesamtklasse fand sich insgesamt viermal zu Vorbereitungen zusammen. Gruppeninterne Sitzungen gab es insgesamt dreimal.

Die Schüler hatten ausreichend Freizeit, da jeweils an den einzelnen Terminen nur maximal 6 bzw. 3 Schüler anwesend waren. Einzige Ausnahme waren hier lediglich die Straßeninterviews.

Durch eine übersichtliche Organisation der Termine sowie durch intensive Einzelgespräche kann das Vorhaben als gelungen betrachtet werden, die ganze Klasse an dem Projekt zu beteiligen. Selbstverständlich gab es auch Ausnahmen. Einige Schüler ließen sich nur schwer in den Gruppenprozeß integrieren und hielten auch in der freien Zeit auf Distanz.

Für den Lehrer war es wichtig, nicht immer die gleichen Schüler an der Projektarbeit zu interessieren. So liefen seine Anstrengungen vor allem darauf hinaus, die Klasse insgesamt zu beteiligen. Deshalb wurden einigen Außenseitern attraktive Aufgaben übertragen.

Zu Beginn des Projektes herrschte noch ein eher gemäßigtes Interesse an dem Thema. Als dann aber später die ersten Erfolge sichtbar wurden und einige Mitschüler von ihren Unternehmungen berichteten, entstand doch ein Gerangel um die Teilnahme an bestimmten Erkundungen.

3.3 Nachbereitung in der Schule

Die im Schullandheim gesammelten Informationen mußten nun von den Schülern ausgewertet und gesichtet werden. Diese Arbeit gestaltete sich oft schwierig, da die Schüler den größten Teil in ihrer Freizeit leisten mußten.

Zur Arbeitsweise: Interessierte Schülergruppen von 6 bis 8 Schülern trafen sich nach der offiziellen Schulzeit, um die Tonbänder auszuwerten. Die gewonnenen Aussagen wurden schriftlich fixiert und dann der Gesamtgruppe vorgestellt. Kriterien zur Auswertung der Interviews entwickelten die Schüler selbständig. Sie sammelten die prägnantesten Aussagen, um sie dank ihres bereits erworbenen Wissensstandes zu überprüfen.

Besonderes Interesse hatten die Jugendlichen an der Bearbeitung der Straßeninterviews. Die Antworten wurden in der Strichliste zusammengefaßt, die so gewonnenen Erkenntnisse in Prozentwerte übertragen.

Auf Vorschlag der Schüler wurden die Straßeninterviews in Berlin noch einmal wiederholt, da ihrer Meinung nach die Kenntnisse über landwirtschaftliche Fragen nicht in dem Maße vorhanden sind wie in der zuvor befragten Region. Auch dieses Interview wurde sorgfältig ausgewertet. So wurden drei Größen gewonnen, die einander gegenüber gestellt werden konnten:

48 Interviews mit Landwirten im Dorf,
79 Interviews in der Kleinstadt,
42 Interviews in der Großstadt.

4 Schlußbemerkungen

Wie sich bei der Projektarbeit zeigte, wurden die Lernziele und Intentionen in vollem Umfang erreicht. Die Schüler hatten durch die Vorbereitung im Unterricht das nötige Rüstzeug, um selbständig Informationen zu sammeln und diese zu sichten und zu überprüfen. Als ein Mangel in der unterrichtlichen Unterweisung muß allerdings das fehlende Einüben von Interviewtechniken angesehen werden. Dies hätte sicher im Deutschunterricht (wie abgesprochen) geleistet werden können.

Zusammenfassend läßt sich sagen, daß die Schüler die Fähigkeit erworben haben, einen Informations- und Entscheidungsprozeß selbständig durchzuführen. Da es nicht verpflichtend war, sich am Projekt zu beteiligen (kein Enfluß auf die Zensuren) gab es vor allem am Anfang Anlaufschwierigkeiten. Die Schüler wollten sich nicht damit abfinden, daß ihr Schullandheimaufenthalt mit Arbeit ausgefüllt werden sollte; ihnen schwebte eher ein attraktives Freizeitangebot vor. So war es eine der Hauptaufgaben der Projektleitung, die Mitarbeit so interessant wie möglich zu gestalten. Es kann wohl als Erfolg gewertet werden, daß sich etwa 80 % der Schüler zu einer durchgehenden Mitarbeit bereitfanden. Dabei war nicht zuletzt die Arbeit an den Aufzeichnungsgeräten (Tonband, Video) für die Jugendlichen besonders motivierend. Sie verhielten sich in der Rolle eines Reporters auch oft besonders stilecht. Auch die Zusammenarbeit mit dem Klassenlehrer und der Heimleitung erwies sich als besonders fruchtbar.

Die Projektarbeit im Schullandheim kann als eine sinnvolle Alternative zur sonstigen Arbeit mit Schülern gesehen werden. Dieses Vorhaben beweist den fächerübergreifenden Charakter eines solchen Projekts (Arbeitslehre/Wirtschaft, Deutsch, Geographie).

Leider war die Nachbereitung für die Schüler nur noch wenig attraktiv, die Mitarbeit der einzelnen nahm rapide ab. Dies lag u. a. daran, daß die Schüler die Hauptarbeit in der Freizeit leisten mußten. Der Bezug zur sozialen Realität der Schüler konnte dann noch einmal durch Straßeninterviews in Berlin hergestellt werden, die einen Vergleich zu den Straßeninterviews am Projektort darstellten.

Ein ausführlicher Bericht über Vorbereitung, Durchführung und Nachbereitung dieses Projektes (Teilprojekt: Landwirtschaft) liegt im Fachbereich Arbeitslehre/Wirtschaft, Prof. Dr. Georg Groth, an der Pädagogischen Hochschule Berlin aus.

Eine Video-Kassette (45 min.) dokumentiert die Durchführungs- und Nachbereitungsphase dieses Projektes; sie ist dem ausführlichen Bericht beigefügt und kann an der PH Berlin, Fachbereich Arbeitslehre/Wirtschaft, Prof. Dr. Georg Groth, angefordert werden.

Die unterrichtliche Vorbereitung des Projektes oblag dem Kollegen Bert Meyer an der 6. OH Neukölln in Berlin, dem Klassenlehrer der Lerngruppe, mit der dieses Projekt durchgeführt wurde.

Weitere Teilbereiche des Gesamtprojektes waren:

- Berufs- und Arbeitssituation in einem Flächenstaat
- soziale und kulturelle Bedingungen im Untersuchungsgebiet.

Anlage 1

VORTEST zur Unterrichtseinheit: „Strukturprobleme der Landwirtschaft in der Bundesrepublik Deutschland“

Kreuze die richtige Antwort [1] an!

1. Nenne den wichtigsten Zweig der Ackerwirtschaft Berlins!
   - ☐ Kartoffelanbau
   - ☐ Getreideanbau
   - ☐ Rübenanbau
   - ☐ weiß ich nicht

2. Der wichtigste Zweig der Viehwirtschaft Berlins ist die
   - ☐ Rindermast
   - ☐ Hühnerzucht
   - ☐ Schweinezucht
   - ☐ weiß ich nicht

3. Zu Beginn des 19. Jahrhunderts lebte die Bevölkerung Deutschlands überwiegend von der Arbeit
   - ☐ in der Fabrik
   - ☐ in der Landwirtschaft
   - ☐ in Handwerksbetrieben
   - ☐ weiß ich nicht

4. In der Landwirtschaft arbeiten heute
   - ☐ mehr als 50% der Beschäftigten
   - ☐ 30% der Beschäftigten
   - ☐ weniger als 10% der Beschäftigten
   - ☐ weiß ich nicht

[1] Eine Antwort ist jeweils nur richtig.

5. Die Bevölkerung Deutschlands nahm im 19. Jahrhundert stark zu. Die Menschen konnten mit Nahrung versorgt werden, weil

   ☐ verbesserte Anbaumethoden angewendet wurden
   ☐ Nahrungsmittel eingeführt wurden
   ☐ mehr Menschen in der Landwirtschaft arbeiteten
   ☐ weiß ich nicht

6. Die Arbeit des Landwirts ist seit Ende des 19. Jahrhunderts immer mehr erleichtert worden durch den verstärkten Einsatz von

   ☐ Pferden
   ☐ Landarbeitern
   ☐ Maschinen
   ☐ weiß ich nicht

7. Die von Raiffeisen gegründeten Genossenschaften beschaffen für ihre Mitglieder zu günstigen Bedingungen

   ☐ Lebensmittel, Haushaltswaren, Möbel
   ☐ Kunstdünger, Saatgut, Kredite
   ☐ Ackerland, Wälder, Arbeitskräfte
   ☐ weiß ich nicht

8. Bauern helfen sich selbst,

   ☐ indem sie in ihrem Dorf Fabriken bauen
   ☐ indem sie gemeinsam Maschinen anschaffen und nutzen
   ☐ indem sie im Sommer ihre Wiesen als Golfplätze zur Verfügung stellen
   ☐ weiß ich nicht

9. Unter einem „Maschinenring“ versteht man

   ☐ die gemeinsame Anschaffung und Nutzung von Landmaschinen
   ☐ eine Reparaturwerkstatt für Landmaschinen
   ☐ eine Firma, die Landmaschinen vermietet,
   ☐ weiß ich nicht

10. Der Staat gewährt der Landwirtschaft Unterstützung durch
   - ☐ Vermietung von Landmaschinen
   - ☐ finanzielle Zuwendungen und Steuererleichterungen
   - ☐ Aufzucht von Jungvieh
   - ☐ weiß ich nicht

11. „Grüner Plan" bedeutete
   - ☐ Anlage von Grünflächen
   - ☐ Darstellung der Maßnahmen und Subventionen zur Strukturverbesserung der Landwirtschaft
   - ☐ Bau von Straßen durch Weideland
   - ☐ weiß ich nicht

12. Unter Flurbereinigung versteht man
   - ☐ die Anlage von Reinigungswegen entlang der Felder
   - ☐ die Möglichkeit, landwirtschaftliche Produkte auf dem Feld an die Bevölkerung zu verkaufen
   - ☐ die Zusammenlegung verstreut liegender Felder, sowie die Schaffung befestigter Feldwege und gemeinschaftlicher Anlagen des Dorfes
   - ☐ weiß ich nicht

13. Die Flurbereinigung ist heute durchgeführt auf
   - ☐ nahezu 25% der landwirtschaftlichen Nutzfläche
   - ☐ ca. 50% der landwirtschaftlichen Nutzfläche
   - ☐ fast 100% der landwirtschaftlichen Nutzfläche
   - ☐ weiß ich nicht

14. Im Rahmen der Flurbereinigung bedeutet der Begriff „Aussiedlung"
   - ☐ Aufgabe des Hofes und Ansiedlung in einer Stadt
   - ☐ Verlegen des Hofes in den Ortskern
   - ☐ Verlegen des Hofes in die freie Feldmark
   - ☐ weiß ich nicht

15. Die Finanzierung der Flurbereinigung übernimmt
    - ☐ der Staat
    - ☐ der Bauer
    - ☐ Staat, Gemeinde und Bauern teilen sich die Kosten
    - ☐ weiß ich nicht

16. Spezialisierung in der Landwirtschaft bedeutet
    - ☐ Anbaumöglichkeit vieler Nutzpflanzen
    - ☐ Aufzucht verschiedener Tierarten
    - ☐ Beschränkung der Produktion auf einige wenige landwirtschaftliche Erzeugnisse
    - ☐ weiß ich nicht

17. Durch Spezialisierung wird erreicht,
    - ☐ daß die landwirtschaftlichen Betriebe rentabler arbeiten
    - ☐ daß der Hof sich mit allen Gütern selbst versorgen kann
    - ☐ daß mehr Arbeiskräfte beschäftigt werden können
    - ☐ weiß ich nicht

18. Die Europäische Gemeinschaft (EG) hat
    - ☐ die Zölle zwischen den Mitgliedstaaten beseitigt
    - ☐ die Löhne der Landarbeiter vereinheitlicht
    - ☐ die Planwirtschaft für die Bauern eingeführt
    - ☐ weiß ich nicht

19. Die EG hat sich eine Marktordnung gegeben, die
    - ☐ die Umgestaltung aller Dörfer zu europäischen Einheitsdörfern vorsieht
    - ☐ eine geregelte Arbeitszeit für alle in der Landwirtschaft Beschäftigten erreichen soll
    - ☐ den Landwirten für ihre Erzeugnisse Mindestpreise garantiert
    - ☐ weiß ich nicht

20. Der Niederländer Mansholt machte 1968 u. a. folgenden Vorschlag zur Erhaltung einer leistungsfähigen Landwirtschaft:
    - ☐ Umwandlung der Waldflächen in Äcker
    - ☐ Rationeller Einsatz von Maschinen auf genügend großen Vollerwerbsbetrieben
    - ☐ Verstärkter Export von Agrarprodukten in die Entwicklungsländer
    - ☐ weiß ich nicht

21. Durch den Zusammenschluß in der EG hat die Landbevölkerung
    - ☐ große Vorteile
    - ☐ keine Vorteile
    - ☐ Vorteile und Nachteile
    - ☐ weiß ich nicht

22. Einen landwirtschaftlichen Betrieb, der von den Frauen der Bauern nebenbei versorgt wird, während der Mann z. B. in der Fabrik arbeitet, nennt man
    - ☐ Vollerwerbsbetrieb
    - ☐ Zuerwerbsbetrieb
    - ☐ Nebenerwerbsbetrieb
    - ☐ weiß ich nicht

Anlage 2

Fragenkatalog für Interviews mit Landwirten

1. Wie groß ist Ihr Betrieb?
2. Können Sie von dem Ertrag leben?
3. Sind Sie Mitglied eines Maschinenausleihringes?
4. Sind Sie Mitglied eines landwirtschaftlichen Interessenverbandes?
5. Nimmt dieser Ihre Interessen auch wirklich wahr, oder sind Sie unzufrieden?
6. Was halten Sie von den EG-Standardisierungsplänen, fürchten Sie negative Folgen für Ihre Konkurrenzfähigkeit?
7. Wie hoch schätzen Sie die Rolle des Landwirtes als Landschaftspfleger ein?
8. Wie betrachten Sie die Zukunftsperspektiven Ihres Berufsstandes?
9. Was halten Sie von einer einzuführenden Einkommenshilfe für Landwirte als Alternative zur gegenwärtigen Preissubvention?
10. Zum Thema Sicherheit des Arbeitsplatzes:
    Fühlen Sie sich durch die gegenwärtige ansteigende Arbeitslosigkeit auch in Ihrer Existenz bedroht?
11. Fühlen Sie sich durch Sanierungspläne in Ihrer Existenz bedroht?
12. Nennen Sie bitte besondere Merkmale der Veränderung Ihres Arbeitsplatzes als Landwirt in den letzten 20 Jahren!
13. Wandel der Anforderungen durch höheren technischen Standard, wie werden Sie diesen Anforderungen gerecht?
14. Welche Fortbildungsmöglichkeiten haben Sie?
15. Man hört soviel von Chancengleichheit, fühlen Sie sich gleich mit den Erwerbstätigen anderer Berufszweige?
16. Wie sieht es Ihrer Meinung nach mit der Gleichheit der Chancen im Bildungswesen aus?
17. Im Vergleich mit den Erwerbstätigen anderer Erwerbszweige und den Landwirten zeigen sich erhebliche Unterschiede in der Altersversorgung auf, was müßte getan werden, um diese Unterschiede abzubauen?
18. Welche direkten Auswirkungen hatte die soeben durchgeführte Flurbereinigung für Sie?
19. Kennen Sie Landwirte, die durch die Auswirkungen der Flurbereinigung in Ihrer Existenz derart bedroht wurden, daß sie aufgeben mußten?
20. Konnten Sie bei den Entscheidungen der Flurbereinigung mitreden?
21. Wenn Sie in Bonn bestimmen könnten, welche Gesetze würden Sie zugunsten der Landwirtschaft erlassen?

Anlage 3 a

Nachbearbeitung der Straßeninterviews aus Weiden und Vohenstrauß

Um zu erfahren, was die Bewohner einer Kleinstadt von der Situation der Frau auf dem Lande halten, stellten wir folgende Frage:

Sind Sie der Meinung, daß die Frau vom Lande gleichberechtigt ist?

17,64% der Befragten vertraten die Meinung, daß die Frau vom Lande gleichberechtigt ist.

74,44% der Befragten äußerten die Meinung, daß die Frau vom Lande nicht gleichberechtigt sei.

5,88% der Befragten hatten keine Meinung.

Insgesamt war also die Mehrheit der Befragten der Meinung, daß die Frau vom Lande nicht gleichberechtigt ist. Zumeist stützten sie sich dabei darauf, daß die Frau körperlich hart arbeiten muß. Keiner der Befragten berücksichtigte dabei, daß der Trend heute vom kleinen Neben- und Zuerwerbsbetrieb zum großen spezialisierten und mechanisierten Vollerwerbsbetrieb geht, bei dem die Frau bestenfalls noch im Büro eingesetzt wird aber nicht mehr zum Kühe melken und Schweine füttern. Weiterhin wird die Frau nur noch in kleinen Zu- und Nebenerwerbsbetrieben voll eingesetzt. Ihr fallen kleinere Aufgaben wie Betreuung des Federviehs und sonstiger Tiere zu. Also muß die Frau auf Neben- und Zuerwerbsbetrieben mehr körperlich arbeiten als eine vergleichbare Frau aus der Stadt.

Entwicklung und Stand von Handwerk und Industrie im Raume Pleystein

Durchgeführt in einer 8. Hauptschulklasse
im Schullandheim Pleystein/Bayern [1])

LOTHAR BAUER

---

[1]) 8. Volksschulklasse der Augustenschule Regensburg, Klassenlehrerin Gertrude Leberl.

Das Vorhaben

Jede Landschaft ist einem Wandel unterworfen und trägt eine zeitliche Komponente.

In der geographischen Betrachtung ist das Zusammenspiel verschiedener Faktoren zu bedenken: Der geographische Raum, seine Verkehrslage, sein geschichtlicher Hintergrund, die Nutzungsmöglichkeiten der Landschaft und die sich daraus ergebenden Konsequenzen für das Leben der Menschen in diesem Raum.

Aus den vielfältigen Zusammenhängen sollen hier Handwerk und Industrie herausgegriffen werden.

Als Lernziel formuliert bedeutet dies folgendes: Die Schüler sollen unter Berücksichtigung der räumlichen Voraussetzungen die Entwicklung von Industrie und Handwerk, wie sie sich in den örtlichen Statistiken darstellt, erkennen und erklären können.

Die Schüler waren in dem hier beschriebenen Projekt von ihrer Lehrerin für den Besuch eines Archivs interessiert worden. Außerdem lockte die Aussicht, daß die Ergebnisse der Arbeit veröffentlicht werden sollten.

Das Untersuchungsgebiet

Die Situation des Ortes Pleystein wird durch zwei Faktoren beeinträchtigt: Die Stadt liegt nahe der Grenze zur CSSR (Luftlinie ca. 15 km), und die in den Raum führenden Verkehrsverbindungen laufen in einiger Entfernung an der Stadt vorbei (s. Abb. 1). Die ungünstige, periphere Verkehrslage wird sich auch durch die neue Raumplanung nicht entscheidend ändern. Diese Situation hat sich allerdings erst im Laufe der Geschichte herausgebildet.

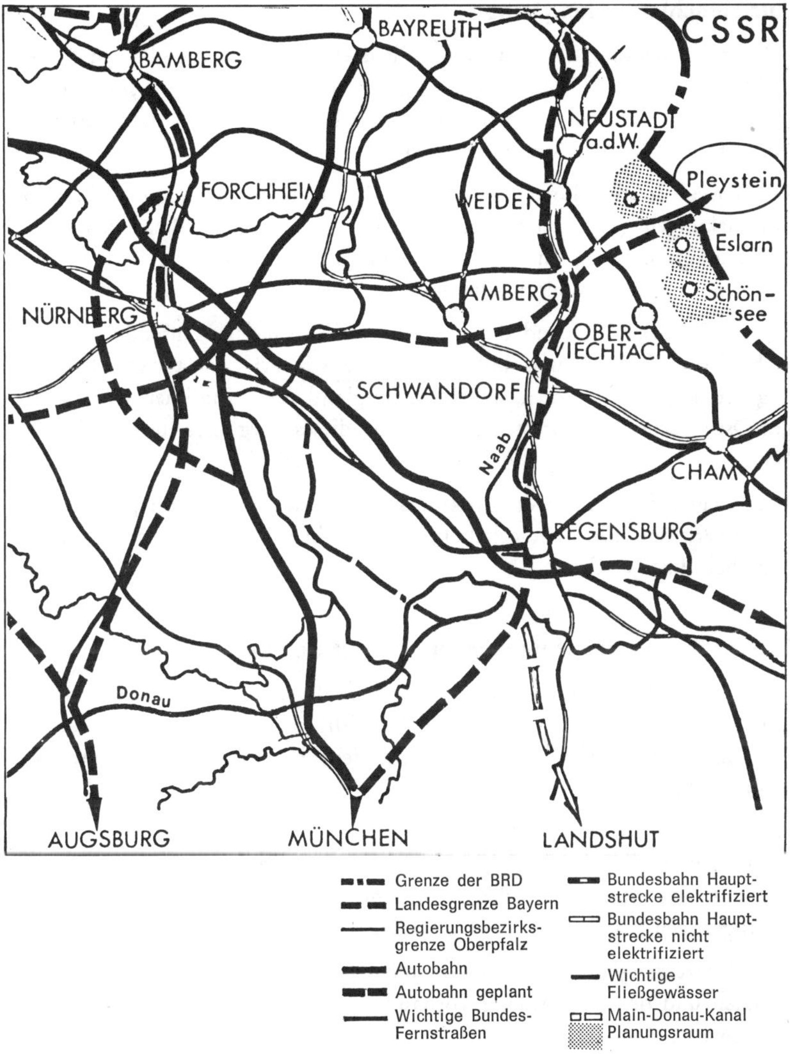

Abb. 1:
Die periphere Lage des Ortes Pleystein im Grenzraum der Bundesrepublik zur Tschechoslowakei.

Zur Geschichte des Ortes

Die älteste Siedlung des Gebietes ist Pleystein, das 1331 die gleichen Marktrechte wie die Stadt Nürnberg bekam. Die ehemals durch Pleystein verlaufende alte Heeres- und Handelsstraße von Nürnberg über Pilsen nach Prag verhalf dem Handwerk zum Auftrieb.

Die Kriege hatten durch die Lage im Grenzgebiet besonders verheerende Auswirkungen (Hussitenkriege, Fürstenkriege 1460/62, Bauernkrieg, der Dreißigjährige Krieg und der Siebenjährige Krieg). Die Bevölkerungsverluste und die Auswanderungsquoten waren sehr hoch.

Durch die Grenzlage und die schlechte verkehrsmäßige Anbindung ist das Gebiet wirtschaftlich und kulturell relativ schwach strukturiert. Pleystein liegt in einem waldreichen, hügeligen Bergland des kristallinen Grundgebirges Ostbayerns. Die höchsten Erhebungen dieses Berglands liegen bei 800 m NN.

Die Kleinstadt ist in ihrer Struktur stark durch das Umland geprägt. Das Handwerk hat sich lange erhalten, Industrieansiedlungen werden durch die periphere Lage erschwert.

Durchführung der Untersuchungen mit Schülern

Die Vorarbeiten konnten schon in der Schulzeit vor dem Schullandheimaufenthalt in Regensburg beginnen. Die Schüler suchten aus dem Telefonbuch alle Handwerks- und Industriebetriebe heraus. Die beigefügte Liste zeigt das Ergebnis.

Aus dem Archiv der Stadt Pleystein wurden Karteikarten über die ehemaligen und heutigen Betriebe entliehen und ausgewertet. Es wurde in der Chronik der Stadt nachgelesen, und der Landesentwicklungsplan wurde herangezogen.

Die Auswertung der Quellen erlaubte einen Vergleich zwischen den ehemaligen und den gegenwärtig vorhandenen und der Betrachtung unmittelbar zugänglichen Verhältnissen.

Tab. 1: **Handwerks- und Industriebetriebe in Pleystein [1])**

A) Handwerksbetriebe

Name	Gewerbe
Bauriedl	Fliesenlegermeister
Bierler	Schreiner
Braun	Friseur
Dornisch	Bäcker
Gallitzendörfer	Fassadenbauer
Grabner	Glaskugler
Grötsch	Bauunternehmer
Hafner	Schmied
Hartung	Müller
Hartung	Bäcker
Hartwig	Metzger
Hubmann	Spengler, Installateur
Kirner	Bäcker
Müller	Schmied
Müller	Schlosser
Müller	Hufschmied
Müllner	Malermeister
Pausch	Schmied
Piehler	Kranzbinderin
Pschierer	Schreiner
Reber	Kristallglasschleifer
Rewitzer	Maler
Schmid	Schuster
Schopper	Installateur
Schwägerl	Friseur
Schwander	Friseur
Siegl	Putzarbeiten u. Mauerentfeuchtung
Striegl	Bauunternehmer
Völkl A.	Bäcker
Völkl	Elektromeister
Völkl	Bäcker
Voit	Spengler, Installateur
Wild	Fassadenverkleidung
Wild	Schmied
Zimmermann	Metzger
Weig	Metzger
Bauer	Müller

B) Industriebetriebe

Name	Produkte
Bausch	Spankörbe, Stühle
Drabsch	Kleider, Kindermöbel, Batik
Deglmann	Knöpfe
Maduschka	Spiegel
Meinel-Georgadel	Metallwaren
[2]) Reger	Maschinen-Gerätebau

[1]) Die Angaben sind dem Telefonbuch entnommen.
[2]) Betrieb eingestellt!

Tab. 2: **Ordnung der Betriebe nach Branchen und Zuordnung von Familiennamen**

Bäcker Mühlen	Metzger	Schreiner	Friseur	Schuster	Schlosser	Schmied	Spengler und Installateur	Maler	Elektromeister	Kranzbinder	Glaskugler und Glasschleifer	Handwerker beim Hausbau, Baugeschäfte
■ Dornisch ■ Hartung ■ Kirner ■ Völkl A. ■ Völkl ● Hartung ● Bauer	Hartwig Weig Zimmermann	Bierler Pschierer	Braun Schwander Schwägerl	Schmid	Müller	■ Hafner ■ Müller A. ■ Pausch ■ Wild ● Müller	Hubmann Schopper Voit	Müllner Rewitzer	Völkl	Piehler	Grabner Reber	Bauriedl Gallitzendörfer Grötsch Siegl Striegl Wild
5 + 2	3	2	3	1	1	4 + 1	3	2	1	1	2	6

■ = alteingesessener Betrieb
● = nach dem 2. Weltkrieg neu dazugekommen

Das Verzeichnis der Gewerbe im Landgericht Pleystein aus dem Jahre 1805 gibt ebenfalls eine Übersicht über die damals angemeldeten Handwerksberufe und nennt die Familiennamen dazu.

Tab. 3: **Verzeichnis der Gewerbe im Landgericht Pleystein aus dem Jahr 1805. Es gibt Aufschluß über angestammte Handwerksfamilien, deren Namen wir noch heute in Pleystein finden.**

Gewerbe	Namen
Bäcker	M. Gillitzer, J. Lehner, Ma. Bauriedl, G. Lehner, M. Danzer, M. Lehner, A. Bauer.
Binder	L. Schneider, J. Schneider, A. Wild, M. Dobner, M. Wild.
Färber	A. Sailer, J. Sailer.
Fleischhacker	F. Sax, M. Zeller, L. Gillitzer, J. Zeller, S. Hartwig, J. Walbrunn, J. Bellet, J. Sax, A. Zeller.
Hafner	M. Sollfrank, A. Ungar.
Leineweber	K. Weber, S. Lang, J. M. Wopper, M. Rauch, A. Beer, A. Uschold, M. Achmann, M. Bauer, K. Bauer, S. Hoch, K. Seel. St. Hoch, S. Karl, A. Hittler.
Maurer	N. Sax, A. Sax, G. A. Beer, J. Wilhelm.
Müller	J. Kulzer, M. Dornisch.
Riemerer	J. Wild.
Rotgerber	S. Walbrunn, A. Walbrunn, G. Wolf, M. Wolf, A. Walbrunn Wwe., A. Walbrunn jun., Ch. Kraus, S. Dornisch, A. Dornisch.
Schlosser	W. Grieb.
Schmiede	F. Wüst, G. W. Wüst, M. Blödt, J. Schreiner.
Schneider	L. Müller, J. Gerstmeier, F. Pflaum, G. Löw, P. Striegl, S. Voit sen., S. Voit jun., U. Striegl, J. Pflaum, P. Sax, B. Bock, N. Voit, M. Pflaum.
Schreiner	B. Frank, J. S. Trumler, J. Zeller, A. Lochmüller.
Schuhmacher	P. Frank, M. Trumler, J. Rödl sen., J. Rödl jun., G. Woppmann, Ch. Wolf, W. Trumler, G. Rödl, A. Rödl, A. Baierl, M. Kirner, G. Hörl, M. Hartung.
Tuchmacher	A. Nehmann.
Wagner	Th. Baier, A. Baier.
Zimmerleute	G. J. Zimmermann, J. Zimmermann, K. Zimmermann, J. Hartwig, Jch. Hartwig.

Ein Vergleich zeigt, daß in der heutigen Zusammenstellung noch 10 Familiennamen aus dieser Zeit zu finden sind. Das ausgeübte Handwerk hat sich jedoch geändert.

Tab. 4: Familiennamen, die bis in die Gegenwart mit Handwerksbetrieben verbunden sind

Handwerk 1805	Namen	**Handwerk 1974**
Bäcker	Bauriedl	Fliesenleger
Müller, Rotgerber	Dornisch	Bäcker
Schuhmacher	Hartung	Bäcker, Müller
Fleischhacker	Hartwig	Metzger
Schuhmacher	Kirner	Schuhmacher, Bäcker
Schneider	Pflaum	Schreiner
Schneider	Striegl	Maurer, Bauunternehmer
Schneider	Voit	Bäcker, Spengler, Installateur
Binder	Wild	Schmied, Fassadenverkleidung
Zimmermann	Zimmermann	Metzger

Den Wandel in der Struktur zeigt die Gegenüberstellung der Handwerksbetriebe.

Tab. 5: Vergleich der Zahl von Handwerksbetrieben in Pleystein 1805, 1861 und 1975

Handwerk	1805	1861	1975	
Bäcker	8	7	5	
Binder	6	3	—	
Färber	2	1	—	
Fleischhacker	9	9	3	
Hafner	2	1	—	
Leinweber	14	15	—	
Maurer	4	2	6	
Müller	2	—	—	
Riemer	1	1	—	
Gerber	9	1	—	
Schlosser	1	1	1	
Schmied	4	4	4	
Schneider	13	11	—	
Schreiner	4	2	2	
Schuhmacher	13	11	1	
Tuchmacher	1	—	—	
Wagner	2	2	—	
Zimmerleute	5	6	—	
Bader	—	1	—	
Sieber	—	1	—	
Lederer	—	1	—	
Anzahl der: Betriebe	100	70	22	
Branchen	18	19	7	
	Neue Handwerke:		3	Spengler, Installateur
			1	Maler
			1	Elektromeister
			1	Blumenbinder
			1	Glaskugler
			1	Glasschleifer
		Anzahl der: Betriebe	30	
		Branchen	13	

Auswertung von Karteikarten

Eine umfangreiche Übersicht über die An- und Abmeldungen von Handwerks- und Industriebetrieben in der Zeit von 1900 bis 1975 wurde erstellt.

Dazu werteten die Schüler Karteikarten der Stadtverwaltung aus. Die Schüler wurden auf den Umgang mit Akten vorbereitet. Auf die Wichtigkeit und die Unersetzbarkeit wurde hingewiesen. Bei der Vorbesprechung erhielten die Schüler den Auftrag, aus den Karteikarten alle An- und Abmeldungen herauszuschreiben. Es wurde in Dreiergruppen gearbeitet: ein „Schreiber" und zwei „Auswerter". Davon war einer für die Einhaltung der Ordnung verantwortlich, der andere für das Ablesen der Karten. Lehrer, Begleiter und ein Gemeindebeamter standen für Fragen bereit. An einer Karte konnte beispielhaft die Art der Eintragung besprochen werden. Nach dieser Einweisung an Ort und Stelle begann die Auswertung. Mit dem gewonnenen ungeordneten Material arbeitete die Klasse später im Heim. Es wurde überlegt, in welcher Weise man die Erhebungen auswerten und in einer Übersicht ordnen könne.

Folgende Fakten waren erkannt worden:

1. Die Eintragungen umfassen den Zeitraum von 1904—1975
2. Sie betreffen unterschiedliche Handwerksbetriebe
3. Die Eintragungen geben Auskunft über Anmeldungen und Abmeldungen von Handwerksbetrieben

Im Unterrichtsgespräch wurden Vorschläge für eine Übersicht gesammelt: sie sollte nach Handwerkszweigen und nach Jahren geordnet werden. Ein senkrechter und ein waagrechter Raster waren zu erstellen (s. Tab. 6 und 7).

Ergebnis

Die Auflistung der Gewerbe ergab 46 verschiedene Handwerksarten. (Dies warf bezüglich des Umfangs der Tabelle Probleme auf: Die Bögen mußten aneinandergeleimt werden, um das gewünschte Format zu erreichen).

Ein Problem stellten die An- und Abmeldungen dar. Die Schüler überlegten, ob die Darstellung mit zwei verschiedenen Farben möglich sei. Wegen der Vielzahl der Eintragungen, aus Gründen der Schriftgröße und wegen der Lesbarkeit entschloß sich die Klasse, zwei getrennte Bögen zu verwenden. Bei der Ausführung stellte man fest, daß der Vergleich von Anmelde- und Abmeldebogen schwierig war. Als Lösung wurde schließlich der Vorschlag angenommen, die Abmeldungen auf einem Transparent anzulegen, so daß man durch das Übereinanderlegen An- und Abmeldungen überblicken konnte. Die konkrete Aufgabenstellung erforderte die eigenschöpferische Tätigkeit der Schüler. Die gefundenen Lösungswege lieferten Erkenntnisse und Fertigkeiten für die Arbeit mit statistischen Unterlagen. Die beigefügte Anlage zeigt einen Teilausschnitt der Statistik, um das System zu verdeutlichen (s. Tab. 6).

Tab. 6: **ANMELDUNGEN VON HANDWERKSBETRIEBEN**

JAHRGANG	DACHDECKER MAURER BAUMEISTER	METZGER	WEBER	SATTLER	SCHNEIDER	SCHREINER	BÄCKER U. KONDITOR	RASIERER U. FRISEUR	BADER	UHRMACHER	SCHUSTER		SCHLOSSER
1903						MATH MÜLLNER							
1904		K. BACHOFNER						J. RÖDL	J. HOLZAPFEL		J. BAURIEDL		
1905		J. SPICHTINGER											
1906							W. KIRNER	J. REWITZER			M. RÖDL J. WOPPMANN		
1907									J. RÖDL	J. SÖLLNER			
1908		J. SAX				STRIEGL			A. BAIER		M. REWITZER		
1909		A. LANDGRAF											
1910		W. STENGEL											
1911													
1912			J. USCHOLD			A. HERRMANN							
1913													
1914													
1915		J. LINDNER											
1916													
1917													
1918													
1919				M. BOCK		J. WILDENAUER M. STRIEGL G. PFLAUM			H. RODL		H. REWITZER		
1920		J. PIEHLER					M. PIEHLER J. SCHWANDNER						
1921													
1922		F. SCHMATZ					M. NEUBER				J. BAURIEDL		
1923					J. PFLAUM	M. STRIGL							
1924		M. LANDGRAF		M. BOCK	J. STRIGL	M. SAX K. PFLAUM	J. DORNISCH J. SCHWANDNER						
1925					J. REWITZER	F. WÜST					L. HERRMANN		
1926							J. VÖLKL				J. SCHMID		
1927		M. BACHOFNER					B. SCHWANDNER J. KLUGHART						
1928		J. HARTWIG									Z. ADAM M. SCHMID		
1929		J. BAUER M. LANDGRAF			J. VOIT								
1930	J. SCHWANDNER					J. REWITZER							
1931							J. HABERKORN						
1932		A. VÖLKL				W. PUFF							G. HUBER
1933		J. GIL		J. REWITZER			W. KIRNER				L. GALLITZEN-DORFER J. PSCHIRRER		
1934						J. PFLAUM							
1935		M. LANDGRAF			K. WOPPMANN		J. SCHWANDNER						G. HUBER
1936					A. LANG								
1937											F. EBNET		
1938													
1939													
1940													
1941													
1942													
1943													
1944													

Tab. 7: **ABMELDUNGEN VON HANDWERKSBETRIEBEN**

JAHR GANG	DACHDECKER MAURER BAUMEISTER	METZGER	WEBER	SATTLER	SCHNEIDER	SCHREINER	BÄCKER U KONDITOR	RASIERER U. FRISEUR	BADER	UHRMACHER	SCHUSTER		SCHLOSSER
1903	F. HOLLER P. WEIG	X. SITTE	F. TROIDL	J. ZIMMER-MANN	A. PFLAUM J. LANG	M. SCHRÖDL							
1904													
1905		M. LANDGRAF					TH. WALBRUNN	J. RÖDL J. WALBRUNN		H. ROSNER			
1906		P. STRIGL M. SPICHTINGER							H. BAIER				
1907													
1908													
1909		J. SAX J. BAUER				M. MÜLLNER	W. KIRNER				M. RÖDL		
1910													
1911													
1912						A. PFLAUM			J. RÖDL				
1913													
1914													
1915													
1916													
1917													
1918													
1919	M. REWITZER												
1920													
1921		M. SAX					F. WÜST						
1922		A. RÖDL J. LINDNER					M. NEUBER						
1923		M. LANDGRAF M. SCHMATZ		M. BOCK	M. PFLAUM	M. STRIGL K. SAX G. PFLAUM	J. DORNISCH				J. SCHMID M. LANG J. WOPPMANN		
1924					F. STRIGL	J. PFLAUM	J. SCHWANDNER						
1925						J. PFLAUM					J. VÖLKL		
1926					A. LANDGRAF								
1927		M. LANDGRAF F. SCHMATZ			M. MÜLLNER	M. SCHWARZMAIER	J. SCHWANDNER J. KLUGHART				M. REWITZER J. SCHMID J. WOPPMANN		
1928	L. REWITZER	J. HARTWIG									M. SCHMID		
1929		W. BACHOFNER			A. VOIT						A. ZELLER		
1930		J. BAUER				J. REWITZER	F. WÜST						
1931				M. BOCK									
1932					R. BOCK	J. PFLAUM							
1933		M. LANDGRAF			R. SAX	W. PUFF					J. PSCHIRRER		
1934		J. GIL				M. MÜLLNER				J. ROSNER	GALLITZEN-DORFER		G. HUBER
1935													
1936						A. WILDENAUER							
1937					J. REWITZER A. BERNHARD	J. PFLAUM					J. EBNET		
1938													
1939													
1940													
1941													
1942													

Die gleiche statistische Übersicht wurde auch für den Bereich der Industrie erstellt. Der Arbeitsweg war der gleiche. Vom Umfang her gesehen war die Arbeit wesentlich einfacher, weil es nur wenige Industriebetriebe in diesem Raume gibt.

Als Fakten für die Erstellung einer Übersicht der Industriebetriebe ergaben sich:

1. Der Zeitraum umfaßt 1923—1975
2. Die Zahl der Industriezweige beträgt 15
3. Es handelt sich um An- und Abmeldungen

Die Anordnung erfolgte nach den gleichen Gesichtspunkten, die sich schon bei der Erfassung der Entwicklung des Handwerks bewährt hatten. Die beigefügten Muster zeigen das Ergebnis der Arbeit (s. Tab. 8 und 9).

Tab. 8: Industriebetriebe **Neuanmeldungen**

Jahrgang	Perlmutterknopffabrikation	Kinderkleiderfabrikation	Glasraffinerien	Glasveredelung	Holzveredelung	Taschenfabrikation	Schnitzereien u. Keramik	Elektrogeräte	Feilenfabrikation	Maschinenfabrik	Bekleidung, Batik	Knopffabrik	Kunstschreinerei (Möbelfabrik)	Herstellung v. Spankörben	Herstellung v. Hausrat u. Spielwaren
1923	Landgraf u. Wüst														
1924	M. Landgraf														
1939		G. Drechsel													
1947			E. Wießner	R. Schwarzbach		K. Völkl								Tausch	
1948			M. Ulbrich Werner	Strubel Obst			K. Drabsch			Reger					
1949			Metzer u. Co			Jantzen									
1950									Belmenburg		Drabsch				
1952												Deglmann			
1968								Grundigwerke		Meinder-Georgadel					
1974													Wild M. Drabsch K. Drabsch		
1975										Meinder-Georgadel					

Tab. 9: Industriebetriebe **Niederlegungen**

Jahrgang	1924	1945	1946	1949	1950	1951	1967	1968	1970	1974
Herstellung v. Hausrat u. Spielwaren		Runge		Fausek						
Herstellung v. Spankörben										
Kunstschreinerei Kindermöbel										
Knopffabrik										
Bekleidung, Batik										
Maschinenfabrik									Reger	Meinder-Georg-adel
Feilenfabrikation										
Elektrogeräte							Grundig	Grundig		
Schnitzereien u. Keramik										
Taschenfabrikation					Jautzen					
Holzveredelung						Obst				
Glasveredelung					Ulbrich	Obst				
Glasraffinerien			Steiner Mulzer	Mulzer	Werner Wießner	Strubell				
Kinderkleiderfabrikation										
Perlmutterknopffabrikation	M. Landgraf									

Zur Auswertung der Statistiken

Der Vergleich der Statistiken ergab ein Übergewicht des Handwerks und einen nur geringen Anteil an Industrie. Wie war dies zu erklären? In einem Unterrichtsgespräch wurden die mutmaßlichen Gründe gesucht: Die Ursprünge des Handwerks reichen in das mittelalterliche Stadtrecht zurück. Das Handwerk lebte u. a. von den Bauern, die zu den Märkten in die Stadt kamen. Die Stadt hat bis heute diese Funktion in dem agrarisch struktuierten Umland erhalten.

In der Statistik der Handwerksbetriebe fällt auf, daß während der beiden Weltkriege An- und Abmeldungen bis auf eine Ausnahme unterblieben sind. Die Gründe dafür sind in der stagnierenden Wirtschaft und der abwartenden Haltung der Bevölkerung zu suchen. Die Männer sind beim Militär und die Frauen versuchen, das Geschäft zu erhalten.

Die Nachkriegsjahre brachten auch hier verstärkt An- und Abmeldungen. Der Wechsel war umso häufiger, je zahlreicher das betreffende Handwerk vertreten war. In einzelnen Berufen unterblieben Neuanmeldungen. Diese Branchen wurden von der Industrie überrollt, die ihre Produkte billiger und besser herstellen konnte (Tuchmacher, Weber etc.). Von den 46 Handwerksberufen sind 28 verschwunden: Weber, Schneider, Bader, Uhrmacher, Schlosser, Buchbinder, Seiler, Ofensetzer, Tüncher, Wagner, Stellmacher, Glaser, Pflasterer, Binder, Zimmerer, Feilenhauer, Näherinnen, Rauchfangkehrer, Strumpfstricker, Schäffler, Strickerinnen, Handschuhmacher, Maschinenschlosser, Automechaniker, Mühlarzt, Tapezierer und Polsterer.

Im Gespräch mit den Schülern ließen sich Gründe finden für das Verschwinden einzelner Berufe:

Die Wege zur Stadt sind durch das Auto kürzer geworden.

Die kleinen Geschäfte der Handwerker können keine genügende Auswahl bieten.

Der Kunde fühlt sich beim Handwerker zum Kauf verpflichtet, weil er bekannt ist.

Ofensetzer etwa werden wegen der Zentralheizungen nicht mehr gebraucht.

Für Automechaniker ist der Markt zu klein, weil sich jede Werkstatt auf einen bestimmten Typ spezialisiert.

Immerhin bleiben noch 18 Handwerksarten.

Anders verhält es sich bei der Entwicklung der Industrie. Hier fehlen in Pleystein die Voraussetzungen an Bodenschätzen oder Energieträgern. Die Anbindung an die Fernverkehrswege ist schlecht, der Weg zu den Absatzmärkten ist weit. Absatz ist nur nach Westen möglich, im Osten riegelt die Grenze den Markt ab etc.

Die Übersicht der Industriebetriebe zeigt auch, daß sich Neugründungen von Betrieben nach dem 2. Weltkrieg häufen. Die meisten Betriebe verschwinden jedoch schnell wieder. Gründe:

1. Es handelte sich um Zweigwerke, die bei der Rezession als erste wieder aufgelöst wurden.
2. Von den Industriezweigen, die doppelt besetzt waren, hat sich meist nur ein Betrieb erhalten können.
3. Betriebe, die schon länger ansässig sind und eine neue Produktion hinzugenommen haben, konnten sich behaupten. Das legt den Schluß nahe, daß sich diese Betriebe in der spezifischen Marktlage des Grenzlandes gut auskennen.
4. Einige Neugründungen wanderten schon nach kurzer Zeit an günstigere Standorte ab. Es handelte sich dabei um Betriebe, die von Vertriebenen gegründet worden waren.

Insgesamt konnte festgestellt werden, daß auf Grund der gegebenen Verhältnisse bestimmte Handwerkszweige weiterhin erhalten bleiben werden. Industrie läßt sich dagegen nur schwer ansiedeln. Nahrungsmittelbetriebe sind stärker vertreten.

Die Durchführung einer solchen statistischen Arbeit ist von einer Klasse wegen des hohen Zeitaufwandes nur während eines Schullandheimaufenthaltes zu leisten. Vom Umfang der Quellen her ist dies nur an einem kleinen, noch überschaubaren Ort möglich. Die notwendigen persönlichen Kontakte lassen sich in so einem Falle auch leichter herstellen und pflegen.

Auf alle Heime, die nicht in Ballungszentren liegen, dürfte sich diese Aufgabe übertragen lassen.

Orientierungsübung auf einem Ortsplan, verbunden mit der Lösung einer Sachaufgabe (Übertragung eines Unterkunftsverzeichnisses)

Durchgeführt in einer 4. Klasse [1]) im Schullandheim Pleystein/Bayern

LOTHAR BAUER

[1]) Lehrer dieser 4. Klasse war Herr Bräu aus Regensburg

Wer mit seiner Klasse in ein Schullandheim fährt, wird einen Grund darin sehen, eine neue Landschaft, nämlich die Umgebung des Schullandheimes kennenzulernen und sich darin zu orientieren.

Dieser Aspekt des Aufenthaltes sollte mit sinnvollen, d. h. hier für die Schüler auch einsichtigen Vorhaben und Zielsetzungen verbunden sein.

Das sachliche Problem und die didaktische Zielsetzung

Bei dem aufstrebenden Ort Pleystein, der sich als Fremdenverkehrsort etablieren will, stellten sich bei der Verteilung der Privatquartiere immer wieder Schwierigkeiten ein. Der Lehrer erfuhr bei einer Unterhaltung mit dem Leiter des Fremdenverkehrsamtes, daß die Gäste Mühe hatten, die zugeteilten Quartiere zu finden.

Ein Unterrichtsgespräch mit den Schülern endete mit dem Ergebnis: Wir erstellen der Stadt einen Plan, damit die Gäste ihre Quartiere leichter finden.

Ziel: Aus dem Unterkunftsverzeichnis der Stadt die Hausnummern der Privatquartiere auf einem Stadtplan eintragen, damit die Gäste in der angegebenen Straße das entsprechende Haus leichter finden.

Didaktisch gesehen handelte es sich um ein anwendungsbezogenes Beispiel für den Umgang mit Karten, methodisch um die Stufe der Übung und Erfolgssicherung. Für die Erkundung der Umgebung des Schullandheimes ließ sich diese Übungsaufgabe gut verwenden.

Die gewählte Aufgabe erfüllt auch einen lebenspraktischen Zweck: Die Schüler lernen, wie man sich einen unbekannten Raum mit Hilfsmitteln in kurzer Zeit erarbeiten kann. In eine ähnliche Situation werden sie bei jeder Urlaubsreise versetzt werden.

Der Reiz der Orientierungsaufgabe erhöhte sich, weil damit die Lösung einer Sachaufgabe gekoppelt war: Die erstellte Karte der Stadt sollte dem Fremdenverkehrsverein zur Verfügung gestellt werden.

Das Gelingen eines solchen Vorhabens hängt von mehreren Faktoren ab.

Voraussetzungen der Schüler:

Die Klasse war in das Kartenverständnis eingeführt und beherrschte die nötigen Arbeitstechniken. Ein Haus, eine Straßenzeile, ein Ortsteil konnte von einem Modell (Sandkasten) in einen Plan umgesetzt werden und umgekehrt konnte ein Plan in ein Modell umgedacht werden. Die Symbole einer Karte waren bekannt.

Das Vorhaben gab hier im Schullandheim Gelegenheit, das bisher Gelernte praktisch anzuwenden. Die Aufgabe bestand darin, mit dem Unterkunftsverzeichnis, einem allgemeinen Stadtplan und einer Panoramakarte einen brauchbaren Lageplan als Ergänzung des Quartierverzeichnisses herzustellen.

Vorbereitung der Lehrer:

Der Lehrer und sein Begleiter mußten die Stadt aus eigener Anschauung gut kennen. Zusammen mit dem Vorstand des Fremdenverkehrsvereins wurde das Vorhaben durchgesprochen.

Arbeitsmaterialien:

Zu besorgen waren für jeden Schüler ein Unterkunftsverzeichnis (s. Abb. 3), ein Stadtplan und eine Panoramakarte (s. Abb. 1 und 2), die sich auf einem Prospekt mit der Umgebungskarte befindet. Außerdem benötigen die Schüler eine Schreibunterlage (notfalls feste Pappe) und einige Klammern.

Abb. 1:
Pleystein: Panoramakarte

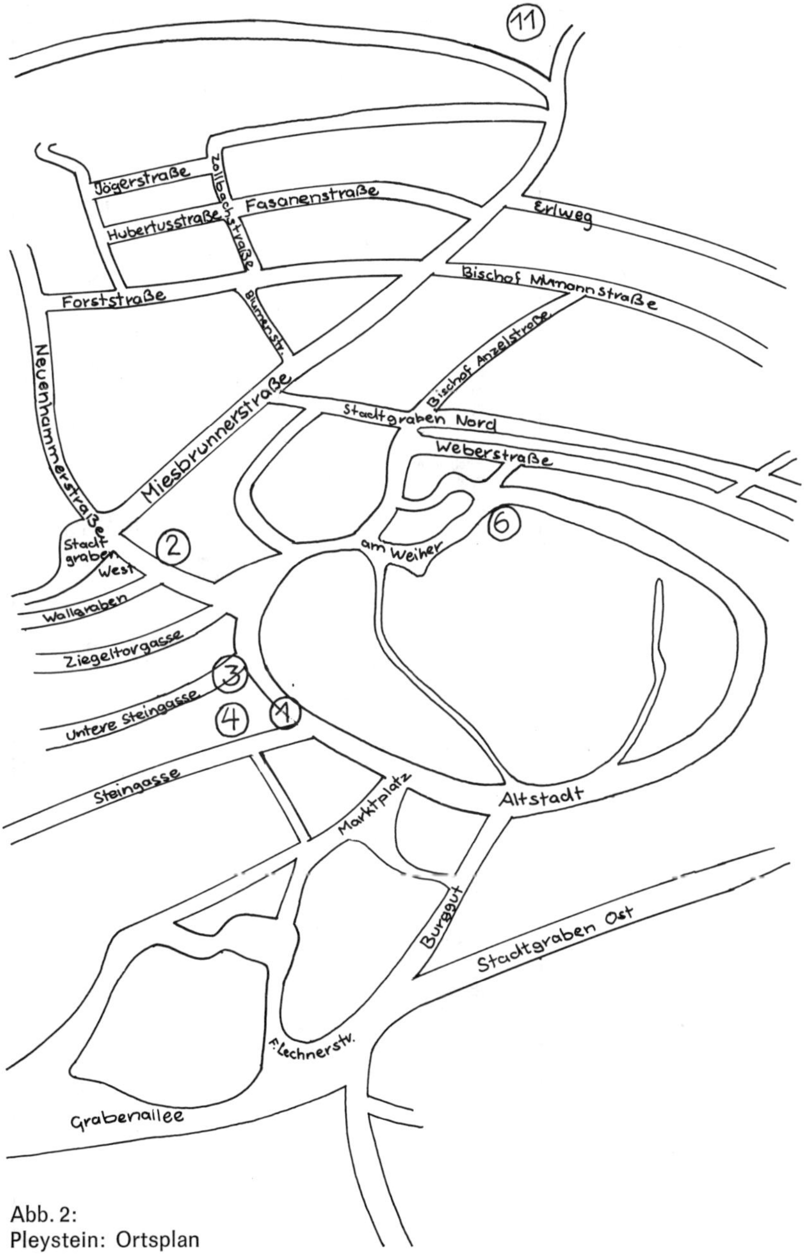

Abb. 2:
Pleystein: Ortsplan

Unterkunftsverzeichnis

Privatquartiere	Betten-zahl	1 -Bett-Zimmer	2 -Bett-Zimmer	3 -Bett-Zimmer	Übernacht. mit Frühst.
Frank Irma Altstadt Nr. 38 O, W w. u. k., B, A, P, Balkon	8		4		7.30
Grundler Anna Neuenhammerstr. 52, Tel. 290 O, W w. u. k., L, P, D, A Nähe Freizeitzentrum	3	1	1		7.30
Haberkorn Josef Altstadt 45, Tel. 248 Z, W w. u. k., P, Balkon	4		2		7.80
Hafner Alois Altstadt 8 Z, W w. u. k., B, D, T, L, G	7		2	1	7.–
Ferienhaus Hammerl Pleystein, Gesteinachweg 11 O, W w. u. k., D, T, L, P, Ga, X Anmeldungen bei: Familie Hammerl 7 Stuttgart-Süd, Olgastraße 79	4 Vierbett-wohnungen 1 Zweibett-wohnung				32.– o. Frühst. 20.– o. Frühst.
Jentsch Irmgard L.-Fichtelstraße 8 Z, W w. u. k., L, T, D, A, X Nähe Freizeitzentrum	8	1	2	1	7.30
Klotz Elfriede Zottbachstraße 8, Tel. 378 O, W w. u. k., D, P, T, L, Ga, Balkon	4		2		7.50
Lang Alois Miesbrunner Straße 11 Z, W w. u. k., L, T, P, X	7	1	3		7.30
Moritz Barbara Leuchtenberger Straße 12 O, W w. u. k., B, D, L, T, P, A Balkon, Tischtennis Nähe Freizeitzentrum	5		1	1	7.30
Pflaum Resi Bischof-Anzer-Straße Nr. 2 Z, W w. u. k., D, G, A, T, X Balkon	5		1	1	7.50
Pöpperl Resi L.-Fichtelstraße 10 Z, W w. u. k., B, D, P, T, L, A, X Tel. 09654/288 nur nach 18 Uhr Nähe Freizeitzentrum	8	1	2	1	7.30 bis 7.80

6

Abb. 3:
Ausschnitt
aus dem Unterkunftsverzeichnis
Pleystein

Räumliche Orientierung

Bevor man sich der eigentlichen Aufgabe widmen konnte, setzte sich die Klasse mit der Panoramakarte und dem Stadtplan auseinander.

Das Schullandheim liegt auf einer Anhöhe, von der aus die Stadt überblickt werden kann. Die Panoramakarte zeigt die Stadt jedoch aus einer anderen Richtung. Den Schülern stellte sich zunächst die Aufgabe, herauszufinden, wie sich die Panoramakarte zum Anblick vom Schullandheim aus verhält. Die Aufgabe stellte Ansprüche an die Vorstellungskraft der Kinder. Wo ist der Punkt in der Landschaft, von dem aus man die Stadt so sieht, wie sie abgebildet ist? Eine Wanderung zu der ausgemachten Anhöhe lieferte den Schülern die Bestätigung, daß sie die richtige Lösung gefunden hatten. Nun sollten die Schüler versuchen, in einer groben Skizze einen Straßenplan des Ortes anzufertigen, soweit die Anschauung und die Panoramakarte es erlaubten. Nach dieser Arbeit erhielt jeder Schüler einen Ortsplan ausgehändigt und konnte so seine Lösung mit dem erhaltenen Plan vergleichen. Der Lehrer konnte jetzt helfend und verbessernd eingreifen.

Nacharbeit im Heim

Im Schullandheim befaßten sich die Schüler mit den einzelnen Straßennamen. Der Lehrer nannte einen Straßennamen, die Schüler suchten die Straße und stellten Anfang und Ende fest. Hier waren Begriffe zu klären: Hauptstraße, Nebenstraße, Gasse, Querstraße, Straßengabelung, Straßenkreuzung, Platz, Sackgasse etc.

Die festgestellten Straßen wurden auch auf der Panoramakarte gesucht. Besonders markante Punkte und Flächen wie Stadtweiher und Grünanlagen wurden farbig markiert, um die Orientierung zu erleichtern.

Arbeit am Unterkunftsverzeichnis

Die Schüler sollten in die Lage versetzt werden, aus dem Unterkunftsverzeichnis Angaben gezielt entnehmen zu können.

Quartierangaben und die Hausnummern zu den Straßen des Straßenverzeichnisses wurden auf dem Plan notiert. Solche Straßen, in denen Quartiere zu suchen waren, wurden unterstrichen.

Das Problem

Wo ist das Quartier genau zu finden? Auf dem Plan fehlten die Hausnummern. Die Schüler stießen auf das eigentliche Problem. Wo sollten sie das Quartier suchen, am Anfang der Straße oder am Ende? Es ergab sich die Notwendigkeit, die Karte durch Hausnummern zu ergänzen. Überlegungen führten dazu, daß die Nummern nur durch das Aufsuchen der Häuser an Ort und Stelle eingetragen werden konnten.

An dieser Stelle wurde die Aufgabe nochmal klar formuliert:

> Suche die im Quartierverzeichnis angegebene Straße und Hausnummer auf und stelle die genaue Lage des Hauses auf deinem Plan fest. Zeichne einen kleinen Kreis und trage die Hausnummer ein!

Festlegung der Arbeitsgebiete

Für jede Gruppe wurde nun das Untersuchungsgebiet festgelegt. Dies konnte sowohl nach Straßenzügen, als auch nach den eingezeichneten Planquadraten geschehen. Dabei war die Einteilung nach Straßenzügen einfacher, sie erforderte weniger Überlegungen, weil Überschneidungen vermieden wurden. Bei der Einteilung nach Planquadraten wären an den Grenzen der Planquadrate u. U. Schwierigkeiten aufgetreten.

Vorbesprechung der praktischen Untersuchung

Zur Durchführung der Untersuchung gehörten von nun an der Stadtplan, das Quartierverzeichnis, Bleistift, Radiergummi, Schreibunterlage und Klammern zum Festhalten der Pläne. Die möglichen Gefahren bei der Arbeit wurden besprochen (Überqueren von Straßen), ein Sammelpunkt wurde festgelegt und die Zeitdauer der Arbeit abgesprochen. In jedem Gebiet sollten zwei Gruppen mit dem gleichen Auftrag arbeiten, um später die Ergebnisse vergleichen zu können. Die Lehrer sollten sich in den Arbeitsgebieten aufhalten und die Schüler bei der Arbeit beobachten.

Am nächsten Tag konnte der „Marsch zur Stadt“ erfolgen.

Kartierung im Ort

Vom Marktplatz aus wurden die Schüler in ihre Arbeitsgebiete entlassen. Die ersten Aufgaben waren zu bewältigen: Feststellen der Richtung, in der sich das Gebiet befand, Suche des günstigsten Weges dorthin (die Gruppe mußte sich auf einen Weg einigen). Im Untersuchungsgebiet wurden die gefundenen Hausnummern in die Kreise des Plans eingetragen.

Hindernisse:

Welche Schwierigkeiten auftreten können, die von den Schülern vor Ort zu lösen sind, zeigten die Berichte der Schüler. Es fehlten z. T. Straßenbezeichnungen, an verschiedenen Häusern auch die Nummern, Baulücken waren mit einzurechnen, einige Straßen fehlten im Plan ganz (Neubaugebiet, das erst in den letzten Wochen bezogen worden war).

Durch Probieren, Zählen, Abschätzen, Auskunfteinholen mußten die fehlenden Informationen beschafft werden. Hier zeigten sich die Vorteile und Nachteile eines „Plans“.

Ergebnis:

Die Aufgaben wurden trotz der Hindernisse von den Schülern gelöst, der angestrebte Plan konnte erstellt werden. Die Ergebnisse der einzelnen Gruppen wurden auf einen Gesamtplan übertragen. Strittige Fragen bei den Eintragungen wurden nachträglich geklärt. Jeder Schüler leistete so einen Beitrag zu dem Gesamtergebnis.

Die Beschreibung macht deutlich, daß sich ein solches Vorhaben nur schwierig in einem Schulbezirk der Großstadt, vorteilhaft aber in einem Ort des ländlichen Raumes während eines Aufenthaltes im Schullandheim durchführen läßt.

Sicher läßt sich eine ähnliche Orientierungs- und Kartierungsübung auch in anderen Schullandheimen durchführen. Die Orte des ländlichen Raumes sind noch überschaubar, die benötigten Unterlagen sind immer zugänglich und ohne Kostenaufwand zu beschaffen.

Planung und Durchführung einer Schülerexkursion durch die Vulkaneifel (Basaltwerk, Maare, Mineralquellen)

Ein Unterrichtsprojekt mit der 8. Klasse einer Hauptschule

THEO NAGELS

Die Eifel ist eine Landschaft, in der sich die Vielfältigkeit der Oberflächenerscheinungen des Vulkanismus wie sonst nirgendwo in Deutschland auf engem Raume beobachten und darstellen läßt.

Der Verfasser unterrichtet an einer Duisburger Schule. Diese ist Mitglied im Schullandheimverein Antweiler/Ahr e.V. Dieser Verein unterhält in der Eifel zwei Schullandheime; in Antweiler/Ahr und in der Nachbargemeinde Aremberg. Von diesen Standorten her bot sich ein Unterrichtsprojekt zum Thema „Vulkanismus in der Eifel" an. Es wurde mit den Schülern einer 8. Hauptschulklasse konzipiert.

Im Rahmen des Unterrichtsprojektes fand eine Schülerexkursion (Lehrwanderung) statt. [1]) Mit diesem Beitrag soll Lehrern und Schülern, die während ihres Schullandheimaufenthaltes eine solche Exkursion planen, eine Möglichkeit der Durchführung aufgezeigt werden.

1 Das Schullandheim Antweiler als Lernort für projektorientiertes Lernen und Ausgangspunkt für Schülerexkursionen

Es sollen an dieser Stelle nicht allgemeine Aspekte eines projektorientierten Geographieunterrichts aufgezeigt werden (vgl. den Beitrag „Geographische Feldarbeit ..."), sondern nur einige auf den Schullandheimaufenthalt bezogene Aussagen gemacht werden:

1. Im Schullandheim entfallen weitgehend die in der Schule vom Stundenplan diktierten organisatorischen Schwierigkeiten:
   - Ein der Thematik und den sozialen Bedürfnissen angepaßter Zeit- und Arbeitsplan kann mit den Schülern erstellt werden.
   - Es ist möglich, die Arbeit über einen längeren Zeitraum ohne Unterbrechungen durchzuführen.
   - Die Projektgruppen können ungestört in eigenen Räumen tagen und ihre Arbeitsergebnisse sammeln.

---

[1]) In den Richtlinien für Schulwanderungen und Schulfahrten vom 18. 7. 1974 für das Land Nordrhein-Westfalen heißt es im Abschnitt über Schullandheimaufenthalte u. a.: „Schullandheimaufenthalte führen die Unterrichtsarbeit in besonderer Form fort. Der Stundenplan ist dabei aufgelockert, die Unterrichtsgegenstände richten sich weitgehend nach der Umwelt des Schullandheimes."

— Der individuelle Arbeitsrhythmus und die von der gemeinsamen Aufgabe auferlegten Notwendigkeiten bestimmen das Tempo und die Intensität der Gruppenarbeit. Arbeitssitzungen aller Gruppen („Scharniersitzungen") können je nach Bedarf durchgeführt werden.

2. Auch das erforderliche Arbeitsmaterial steht in einem stärkeren Maße zur Verfügung. Im Schullandheim Antweiler sind z. B. vorhanden: Cassettenrecorder, Tonbandgerät, Super-8-Kamera, 8 und 16 mm Filmvorführgeräte, Diaprojektor, Vervielfältigungsgerät, Sandkasten, Ferngläser, Ausstellungschränke, topographische Sonderkarten, spezielle Fachbücher und Arbeitsmittel zum Thema Vulkanismus.[1])

3. Bei der Projektarbeit im Schullandheim sind auch Schwächen mit zu bedenken: Der Lehrer als Koordinator bzw. Projektleiter ist vornehmlich auf sich allein gestellt und hat bei fächerübergreifenden Projekten nur selten die Möglichkeit, im Teamwork mit anderen Kollegen die Problematik aufzuarbeiten.

4. Das am Ende des Projektes entstandene gemeinsame Werk, welches je nach der Thematik von unterschiedlicher Quantität und Qualität sein kann, ist oftmals Ausgangspunkt für die Planung weiterer Vorhaben und kann im Schullandheim anderen Klassen als Anregung dienen.

Im Rahmen geographischer Unterrichtsprojekte ist es sehr wichtig, die Phänomene vor Ort zu untersuchen. Wenn das Schullandheim nun wie in unserem Fall nicht in unmittelbarer Nähe der zu untersuchenden Objekte liegt, bietet sich hier die Schülerexkursion bzw. Lehrwanderung an. Beide Begriffe werden in den folgenden Ausführungen nebeneinander verwendet. Sicher vermag dabei der Begriff „Lehrwanderung", wörtlich genommen, nicht das aussagen, was wirklich gemeint ist: keine unterrichtliche Veranstaltung, in der nur einer etwas lehrt, und auch keine „Wanderung" im herkömmlichen Sinne. Der stattdessen verwendete Begriff „Schülerexkursion" ist neutraler, sagt aber auch nicht viel über die eigentliche Intention des Vorhabens aus. Gemeint ist, daß im Vordergrund der Schülerexkursion die Selbsttätigkeit und Eigenerfahrung des Schülers am aufgesuchten Objekt steht. Dabei kann es sich um Besuche, Erkundungen, Interviews oder andere Formen der Begegnung mit den verschiedenen Objekten und Phänomenen handeln.

[1]) Besonders hinzuweisen ist auf das Buch „Die vulkanische Eifel", von Hopmann, Frechen, Knetsch, Wilhelm Stollfuß Verlag, Bonn, o. J.

Die Schülerexkursion kann in ihrem pädagogischen Wert kaum überschätzt und „als Lehrgrundlage angesprochen werden, die die verschiedensten methodischen Einzelwege unter sich subsumiert“ (E. Ernst, Arbeitsmaterialien zu einem neuen Curriculum 1, Braunschweig, 1971).

Dieses Arbeiten vor Ort, im angelsächsischen Raum mit der Bezeichnung „field work“ treffend umschrieben, wird leider, nicht zuletzt wegen fehlender Handreichungen, noch zu selten im Unterricht berücksichtigt. In unserem Projekt bildeten die Vorbereitung, Durchführung und Auswertung der Schülerexkursion einen Schwerpunkt.

2 Beschreibung des Projektaufbaus

Der Ablauf des Gesamtprojekts läßt sich in folgende Projektphasen aufteilen:

- Planung und Vorbereitung
- Durchführung
- Auswertung

2.1 Zur Vorbereitungsphase

Bereits vor dem Schullandheimaufenthalt wurde in der Schule darüber diskutiert, welches Projekt im Fach Geographie während des Schullandheimaufenthaltes durchgeführt werden sollte. Die Vorbereitung in der Schule beschränkte sich im wesentlichen auf die Auswahl des Themas und die inhaltliche Motivation. Es wurde abgesprochen, das Thema „Vulkanismus in der Eifel“ zum Inhalt des Projektes zu wählen.

Diese Phase der Motivation der Schüler ist für das Gelingen eines Projektes sehr wichtig, damit die Erwartungshaltung und die Intentionen des Projektes möglichst übereinstimmen.

2.2 Zur Durchführungsphase

Aufgrund der Richtlinien des Landes NW wird von den gängigen Lehrbüchern das Thema „Vulkanismus“ unter der Generalthematik „Wie der Mensch seine Umwelt in besonderen Situationen bewältigt“ eingeordnet. [1])

---

[1]) Hier lauten die Spezialthemen „Naturkatastrophen bedrohen uns Menschen“ (Welt und Umwelt, 5./6. Schuljahr), „Vulkane und Erdbeben“ („Dreimal um die Erde“, 5./6. Schuljahr), („Neue Geographie“, 5./6. Schuljahr) sowie „Die Erde verändert sich“ („Geographie“, 7./8. Schuljahr).

Als mögliche Qualifikationen, die die Schüler bei der Erarbeitung des Themenbereiches „Vulkanismus“ erreichen sollten, können in Anlehnung an E. Ernst (1971) genannt werden:

- Räume kennenlernen, in denen Vulkane tätig sind,
- Einsichten in die Vulkantätigkeit gewinnen,
- die kausalen Zusammenhänge zwischen Vulkan- und Erdbebentätigkeit begreifen,
- vulkanische Formen beschreiben können,
- Begriffe der Fachterminologie verstehen und anwenden können.

Diese Zielvorstellungen können im Hinblick auf dieses Projekt durch folgende Lernziele konkretisiert werden:

Die Schüler sollen

- die Eifel als Vulkanlandschaft kennenlernen,
- erfahren, daß Menschen sich die Auswirkungen des Vulkanismus auf verschiedene Art nutzbar machen,
- die Fähigkeit entwickeln, Schülerexkursionen unter Anleitung selbständig vorzubereiten und dabei alle für die Planung und Durchführung relevanten Gesichtspunkte zu berücksichtigen,
- in arbeitsteiliger Form (Gruppenarbeit) Beobachtungs- und Arbeitsaufträge formulieren und auf ihre Durchführbarkeit kontrollieren können,
- die Arbeitsergebnisse ordnen, analysieren, interpretieren und in eine übersichtliche Werkform bringen können.

Für die Durchführung des Projektes stand ein 14tägiger Schullandheimaufenthalt zur Verfügung. Daher konnten sich am Anfang dieses Aufenthaltes die Schüler mit den topographischen, geologischen, wirtschafts- und verkehrsgeographischen Besonderheiten der Eifel vertraut machen. Diese Themenbereiche sollten in Gruppen erarbeitet werden. Diese waren zum Teil schon in der Schule gebildet worden. Um eine Isolation der Einzelgruppen zu verhindern und sie für weitere Anregungen zu sensibilisieren, sollten sogenannte „Scharniersitzungen“ stattfinden. In diesen sollten dann auch die Arbeitsergebnisse der einzelnen Gruppen vorgestellt und diskutiert werden. Für diesen Teil des Aufenthaltes waren ca. 6 Tage vorgesehen. Die geologischen Darlegungen über den Vulkanismus in der Eifel führten dann unmittelbar zur Frage nach den heute noch auffindbaren Zeugen für diese aus

Schülersicht „aufregenden“ Ereignisse in einer erdgeschichtlich noch jungen Epoche. Eine Schülerexkursion zu solchen „Zeugen“ sollte in der Mitte des Schullandheimaufenthaltes liegen, die Auswertung der Exkursion sollte noch im Schullandheim erfolgen. Fotos, Dias und Filme konnten erst nach dem Schullandheimaufenthalt gesichtet und ausgewertet werden. Ein Elternabend, auf dem den Eltern über das Projekt berichtet wurde und in einer Ausstellung die Schülerarbeiten, Fotos, Gesteinssammlungen usw. gezeigt wurden, sollte den Abschluß der Projektarbeit bilden.

Bei der Aufstellung eines groben Arbeitszeitplanes zu Beginn des Projektes wurden zunächst sämtliche Schülerfragen gesammelt, die in irgendeiner Form mit den vorgesehenen Untersuchungsobjekten zusammenhingen:

a) Fragen zur Entstehung und Ausdehnung der vulkanischen Eifel

- In welchem Zeitraum fanden die Vulkanausbrüche statt?
- Sind Menschen dabei zu Schaden gekommen?
- Um welche Art von Ausbrüchen handelte es sich?
- Wie sind die Maare entstanden?
- In welchem Gebiet gibt es die meisten Maare?
- Wie tief sind die Maare durchschnittlich?
- Wonach sind sie benannt worden?
- Haben die Maare Zuflüsse und/oder Abflüsse?
- Welche Ausdehnung haben die einzelnen Vulkangebiete der Eifel?
- Welche vulkanischen Gesteine wurden bei den Eruptionen aus dem Erdinnern geschleudert?
- Wo und wie haben sich diese Gesteine abgelagert?

b) Fragen zur heutigen Situation und wirtschaftlichen Nutzung vulkanischer Erscheinungen

- Welche Auswirkungen vulkanischer Tätigkeiten lassen sich heute noch beobachten?
- Welche Gesteine kann man häufig finden?
- Gibt es Wirtschaftsbereiche, die frühere Vulkantätigkeit heute nutzen?
- Ist auch heute noch mit neuer Vulkantätigkeit zu rechnen?
- Sind die Maare und ihre Umgebung noch in ihrem ursprünglichen Zustand erhalten?

c) Fragen zur Durchführung der Schülerexkursion

- Wo sind die besten Ausgangspunkte für unsere Erkundungen?
- Wo lassen sich Erscheinungen des Vulkanismus am besten finden und untersuchen?
- Welche Fahrtstrecke, welche Reihenfolge der Exkursionsziele?
- Welche Fahrt innerhalb des Schullandheimaufenthaltes?
- Wieviel Zeit soll für die einzelnen Stationen veranschlagt werden?
- Welche Gesamtdauer der Exkursion?
- Welches Busunternehmen, welche Fahrtkosten?
- Soll die Fahrt bei jedem Wetter durchgeführt werden?
- Probleme der Versorgung unterwegs
- Zweckmäßige Kleidung und Ausrüstung

Gruppenarbeit im Schullandheim

Der weitaus größte Teil der oben genannten Fragen wurde von den Schülern in Gruppenarbeit im Schullandheim bearbeitet, nachdem das notwendige Arbeitsmaterial bereitgestellt war. Die Gruppenbildung und Auswahl der Themen für die einzelnen Gruppen wurden von den Schülern vorgenommen (es bildeten sich überwiegend Sympathiegruppen). Jede Gruppe bestimmte von sich aus einen Sprecher, der für die Gruppenarbeit und die Fertigstellung des Berichtes verantwortlich war.

In mehreren Scharniersitzungen wurde über die Arbeitsergebnisse der einzelnen Gruppen diskutiert.

Die von den Gruppen erstellten Berichte wurden jeweils den anderen Gruppen zur Verfügung gestellt und in einer gemeinsamen Sitzung erklärt und erörtert. Offen blieben vor allem jene Fragen, die nur „vor Ort" zu klären waren.

Zusammengefaßt gipfelten die Fragen in der Problematik, wie die Schülerexkursion so genutzt werden konnte, daß am Ende, dem Charakter des Projekts entsprechend, „ein vorweisbares Werk" stehen würde. Diese Forderung, etwas Überdauerndes und Vorzeigbares zu schaffen, auf das man in gewissem Sinne „stolz" sein konnte, ging in der Mehrzahl der Fälle von den Schülern selbst aus.

Der Zeitraum für diesen ersten Teil des Projektes betrug 6 Tage. (Zum Vergleich: Diese Phase des Projektes wurde mit einem 6. Schuljahr in der Schule durchgeführt. Sie dauerte bei zwei Wochenstunden Erdkunde vier Wochen, wobei eine Reihe von Gruppensitzungen noch zusätzlich an den Nachmittagen zuhause erfolgte).

Vorbereitung der Schülerexkursion

Bei der großen Auswahl der in Frage kommenden Untersuchungsobjekte wurden in einer gemeinsamen Sitzung schließlich der Laacher See und das Maargebiet um Daun ausgewählt. Die Auswahlkriterien berücksichtigten folgende Bedingungen:

- Die Exkursionsziele sollten das im Unterricht Erarbeitete zeigen und Fragen beantworten können.
- Der Eigeninitiative der einzelnen Arbeitsgruppen sollten möglichst ungehinderte Entfaltungsmöglichkeiten gegeben sein.
- Die Fahrtzeit sollte höchstens die Hälfte der für die Schülerexkursion geplanten Gesamtzeit einnehmen.
- Während der Fahrt sollten möglichst keine anderen Objekte besucht werden (Prinzip der Konzentration).

Für die weitere Vorbereitung und die Durchführung der Schülerexkursion bildeten sich 4 Gruppen von jeweils 5 bis 8 Schülern. Diese Gruppen bildeten sich aufgrund des bisherigen Ablaufs des Schullandheimaufenthaltes und aus gemeinsamen Interessen.

Die vier Gruppen gaben sich folgende selbstformulierte Aufgaben:

Gruppe 1:

Die Gruppe der „Organisatoren, Schreiber und Zeichner" war unter Berücksichtigung der gemeinsamen Vorarbeiten verantwortlich für:

- die Organisation des Busses,
- die endgültige Ausarbeitung der Fahrtstrecke und eines genauen Zeitplanes,
- die Führung eines Fahrtenbuches.

Die Route wurde allen Schülern vor der Fahrt in einer Sitzung bekanntgegeben und als Erinnerungsstütze jedem Teilnehmer ein schriftlicher Fahrplan ausgehändigt. Darüber hinaus wollte die Gruppe auf Besonderheiten unter-

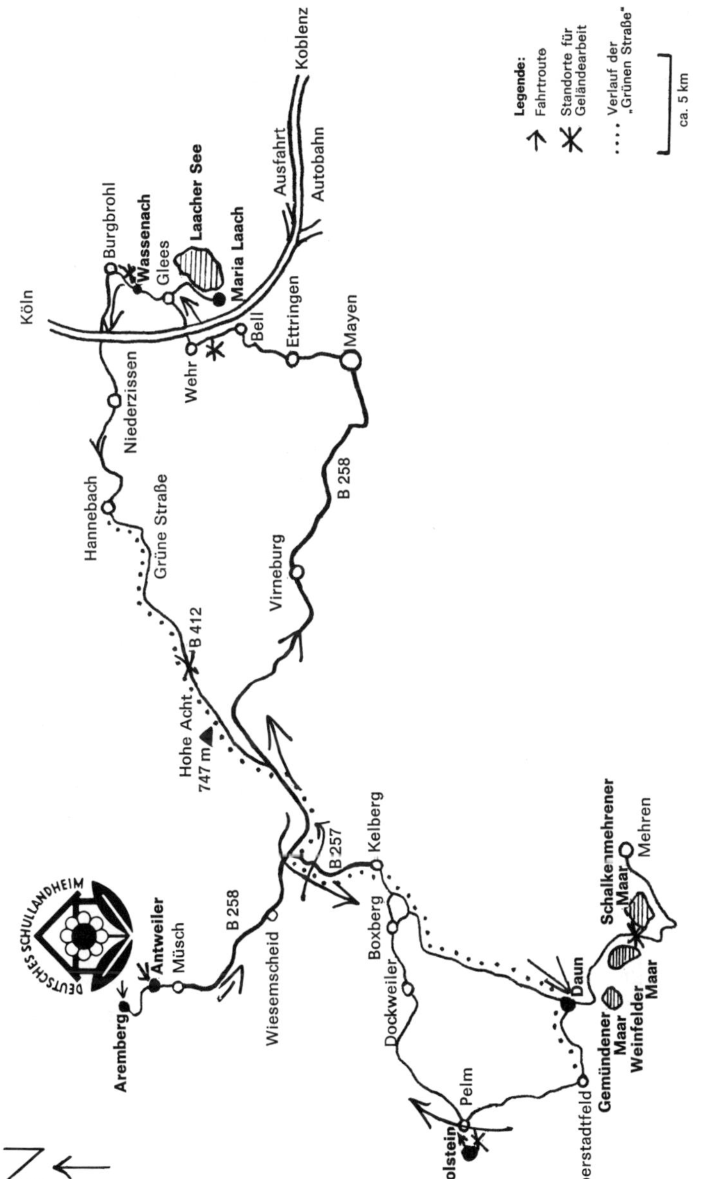

Abb. 1:
Routenplan der Schülerexkursion im Laacher und Dauner Vulkangebiet

wegs rechtzeitig aufmerksam machen und nach besonderer Absprache mehrere Kurzaufenthalte einplanen. Während der beiden Hauptaufenthalte sollten Skizzen, Panorama- und Profilzeichnungen von den einzelnen Maaren und ihrer Umgebung angefertigt werden, um die Arbeit der anderen Gruppen sinnvoll zu unterstützen.

Gruppe 2:

Die Gruppe der „Sammler“ wollte vor allem in den Steinbrüchen vor Maria Laach, im Basaltwerk bei Wassenach und an den Rändern der Maare nach Gesteinen vulkanischen Ursprungs suchen. In den beiden besuchten Vulkangebieten sind dies vor allem Bimsstein, Basalt, Trachyte und Phonolithe in verschiedenen Ausprägungen.

Die Schüler waren ausgerüstet mit Hammer, kleinem Meißel, Lupe und Kompaß. In ausgewählten Bestimmungsbüchern für Steine und Mineralien hatten sie sich zuvor eingehend mit Struktur, Farbe und Aussehen der Gesteine vertraut gemacht. Sicherheitshalber wurden die Bestimmungsbücher auf der Fahrt mitgeführt. Die Fundorte der Steine sollten in vorbereiteten Kartenskizzen festgehalten werden.

Gruppe 3 und 4:

Die beiden Gruppen der „Fotografen“ und „Filmer“ arbeiteten eng zusammen. Es war genau zu überlegen, welche Landschaftsteile besser im Bild (Dia) und welche besser im Film (Super 8) festgehalten werden sollten. Die Gruppen einigten sich schließlich, daß das Dia gegenüber dem Film vorzugsweise ergänzende Funktionen zu erfüllen habe. Während der Film in breiten „Schwenks“ vorwiegend einen Überblick über die Landschaft vermitteln sollte, mußte das Foto Ausschnitte und Einzelheiten wiedergeben. Aufnahmen gut erkennbarer geologischer Schichten und einzelner Gesteine sollten bei der späteren Erklärung des Gesehenen helfen.

Durchführung der Schülerexkursion

Die Schülerexkursion führte zunächst in das Laacher Vulkangebiet, in dessen Mittelpunkt das größte aller Eifelmaare, der Laacher See, liegt.

Nur eine kurze Wegstrecke nördlich des Laacher Sees bietet sich das Basaltwerk bei Wassenach für eine intensive und überaus ergiebige Erkundung an.[1])

[1]) Vorher mit dem zuständigen Betriebsleiter sprechen! Unfallverhütungsvorschriften beachten!

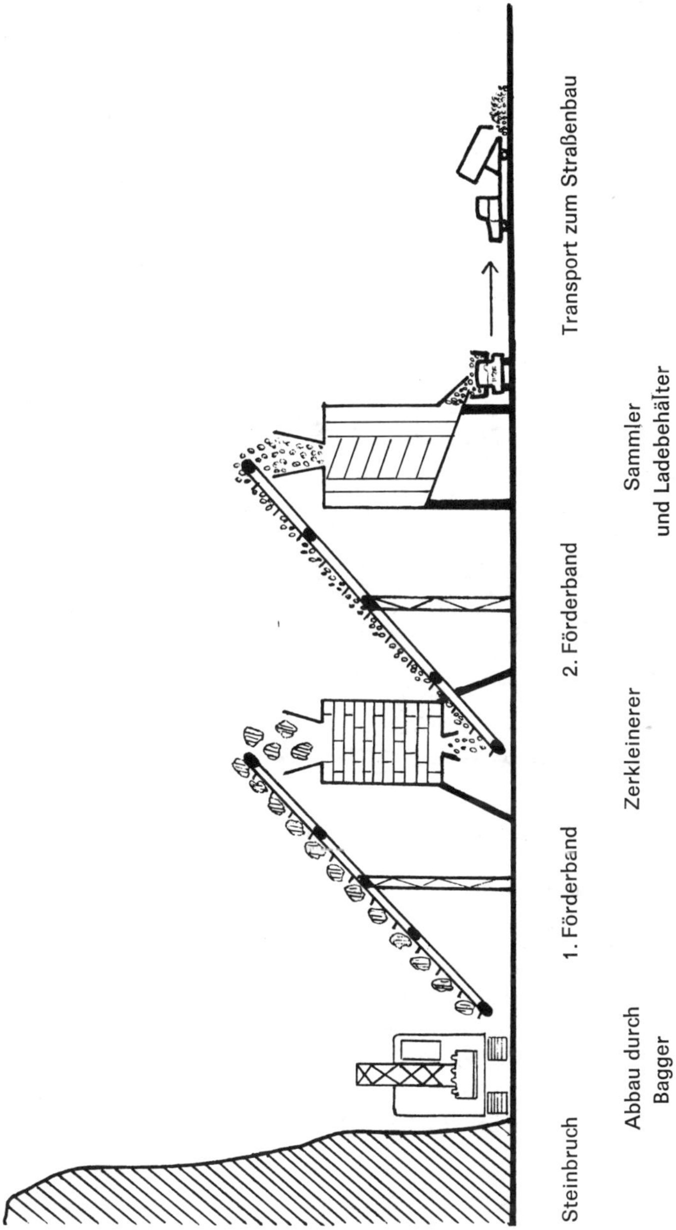

Abb. 2:
Basaltwerk Wassenach — Schematische Darstellung

Hier können die Schüler vor Ort beobachten, wie vulkanisches Lockermaterial von einem Bagger aus der Wand herausgebrochen und auf ein Förderband geladen wird.

In der Lavawand können eindeutig Schichten unterschiedlicher Mächtigkeit, Farbe und Korngrößen ausgemacht werden. Eine abgelegene und vom Abbau geräumte Stelle eignet sich für Untersuchungen durch Schüler. Sie finden hier schwarze und rote Schlacken in etwa gleichmächtigen Schichten und eine mehrere Meter dicke Schicht aus grau-braunen Schlacken mit zahlreichen Lapilli. Der Aufschluß ist überlagert von einer 30 bis 50 cm starken Lößschicht.

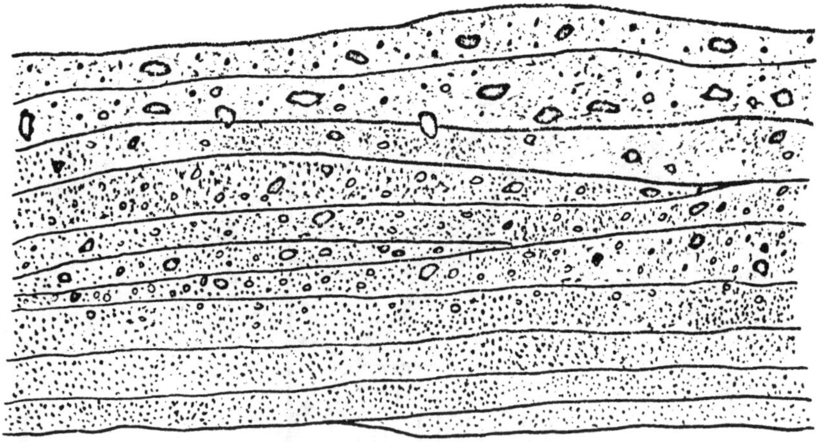

Abb. 3:
Profil einer Abbauwand in der Grube Mertens am Weinfelder Maar

Im aufgefundenen Basaltgestein konnten die Schüler Einschlüsse von Olivin, Augit und Biotit ausmachen.

Was geschah nun mit dem abgebauten Gestein im Basaltwerk Wassenach? Die auf dem ersten Förderband transportierten Gesteinsbrocken von unterschiedlicher Größe „wandern“ in einen Zerkleinerer, wo sie auf eine dem Bedarf entsprechende Größe (ca. 0,5—3 cm) gebracht werden. Mit Hilfe eines zweiten Förderbandes gelangt das fertige Material in riesige Sammeltürme, aus denen es dann in bereitstehende Lastwagen abgefüllt wird.

Bei der Befragung mehrerer Lkw-Fahrer nach dem Bestimmungsort ihrer Ladung erhielten die Schüler entsprechende Auskünfte. Als Hauptverwendungsbereiche konnten festgestellt werden:

- Unterbau für Autobahnen, Straßen und Wege,
- Unterbau für Spiel- und Sportplätze,
- Weiterverarbeitung zu Baumaterial.

Die Schüler erkundigten sich, was diese „gemahlene Lava" auszeichnet, daß sie so vielseitige Verwendung findet. Neben der Preisgünstigkeit sind es an erster Stelle die hohe Festigkeit und Beständigkeit des Materials. Trachytische Aschen-Tuffe haben gute hydraulische Eigenschaften und werden gern Beton zugesetzt, um die Rißsicherheit zu erhöhen.

In einem Schaubild versuchten die Schüler, den Weg von der Gewinnung bis zum Hauptverwendungsort des Lavamaterials aufzuzeichnen (vgl. Abb. 2).

Die Fahrt führte weiter in das Gebiet der Dauner Maare. Die Maargruppe bei Daun umfaßt das etwa 2 km südlich Daun gelegene Gemündener Maar, das benachbarte Weinfelder Maar (oder Totenmaar) und das Schalkenmehrener Doppelmaar an dem gleichnamigen Ort.

Abb. 4:
Weinfelder Maar bei Daun/Eifel

Das Gemündener Maar ist beinahe kreisrund: Länge 325 m, Breite 300 m, Wassertiefe 38 m. Die beiden anderen Maare haben eine runde bis ovale Form und sind beide sowohl vom Umfang als auch vom Wasserinhalt her größer. Die Schüler diskutierten die Entstehung der Maare und fertigten Zeichnungen an. Der beste Betrachtungsstandort war der Rastplatz am Weinfelder Maar, an dem die Straße unmittelbar vorbeiführt. In der Nähe liegt auch ein guter Aufschluß: die Sandgrube Mertens, unmittelbar an der Straße gelegen. Die untersten Tuffschichten sind staubförmig und kaum verfestigt. Die nach oben folgenden sandigen Lagen sind mit Lapilli und herausgeschleuderten Schieferstücken des Grundgebirges durchsetzt; abgeschlossen wird das Profil von schwarzen Lapillituffen (vgl. Abb. 3).

Der dritte Haltepunkt der Schülerexkursion war das Städtchen Gerolstein: die bekannten Gerolsteiner Mineralwasserbrunnen haben einen jährlichen Gesamtabsatz von mehr als 100 Mill. Liter und sind daher ein bedeutender Wirtschaftszweig in diesem Gebiet. In den Abfüllfabriken finden mehrere hundert Menschen Arbeit. Das Hauptabsatzgebiet des Mineralwassers ist das Ruhrgebiet.

Eine Besichtigung der Mineralwasserwerke war für diese Schülerexkursion wegen ihrer physisch-geographischen Schwerpunktsetzung zum Thema „Vulkanismus" nicht eingeplant worden. Die Schüler konnten jedoch Mineralwasser am Werkseingang beliebig abfüllen und Informationsschriften erhalten.[1])

2.3 Zur Auswertungsphase

Die Auswertung der Schülerexkursion konnte aus äußeren Gründen nur noch zum Teil im Schullandheim geschehen und fand daher überwiegend nach dem Schullandheimaufenthalt in der Schule statt.

In dieser Phase der Projektarbeit ging es um die Einordnung, Zusammenfassung und Sicherung der Erkundungsergebnisse. Dazu wurden die angefertigten Filme, Bilder, Skizzen und Berichte gesichtet, vervollständigt und verbessert und in eine endgültige Form gebracht. Das Gesamtergebnis lag schließlich als ein von den Schülern gestaltetes vorzeigbares Werk vor:

---

[1]) Wertvolle didaktische Hilfen und Sachinformationen über diesen bedeutenden Wirtschaftszweig der Vulkaneifel und über den Aufbau eines Vulkans bietet ein Medienpaket, das kostenlos an Schulen abgegeben wird (Bestellungen an: Verband Deutscher Mineralbrunnen, Kennedyallee, 5300 Bonn-Bad Godesberg).

Die zeichnerische und bildhafte Darstellung der Fahrtroute der Lehrwanderung einschließlich eines genauen Zeitplanes und der Festlegung aller Haltepunkte, dazu eine Mediensammlung zu den Arbeitsergebnissen:

- ein Super-8-Film,
- eine Dia-Serie mit Bildbeschreibung,
- eine Gesteinssammlung mit Erklärung und Fundortbestimmung.

Verlauf und Ergebnis des Projektes bewiesen, daß eine geographische Projektarbeit, insbesondere in Verbindung mit einer Schülerexkursion während eines längeren Schullandheimaufenthaltes und damit entlastet von allen schulischen Zwängen und Organisationsproblemen, mit großem Gewinn und viel Freude durchgeführt werden kann. Aktivität und Spontaneität in gemeinsamer Arbeit an einer selbst gewählten Aufgabe und eine Leistungsbereitschaft, die zeitweise weit über das in der Schule übliche Maß hinaus ging, ließen ein Vorhaben gelingen und ein Werk entstehen. Die besondere Situation während eines Schullandheimaufenthaltes hatte dazu ganz entscheidend beigetragen.

Anhang

Zum Thema Vulkanismus — ein kurzer geologischer Exkurs

— Vulkane:

„Vulkane bezeichnet man volkstümlich als feuerspeiende Berge. Das Auswurfmaterial besteht aus dem glutflüssigen Magma (Lava) mit einer Temperatur von 1200 Grad bis 1300 Grad C (Schmelztemperatur der Gesteine), aus Gasen, aus Auswurf bereits erkalteter Lava oder der Gesteinstrümmer des Schlotkanals und aus Lockermassen (vulkanische Aschen). Der Auswurf beruht auf gewaltigen Gasspannungen tief in der Erde, wo in Tiefen von 30 bis 150 km sehr hohe Hitze von über 1000 Grad C herrscht. In Krustenteilen mit verminderter Festigkeit sucht sich der gewaltige Druck zu entlasten. Es kommt zur Eruption.“ (Harms, Physische Geographie, 1965)

— Maare:

„Schwache vulkanische Tätigkeit führt zu explosiven Gasausbrüchen, deren Zeugen kreisrunde Sprengtrichter oder Durchschlagsröhren sind. Sie verdanken ihre Entstehung kurzfristigen Ausbrüchen, mit denen bei heftigen Explosinen auch geringe Materialförderung verbunden ist in Form von ausgeworfener Asche oder von ausgesprengtem Nebengestein. Viele dieser Sprengtrichter sind daher von kleinen Aufschüttungswällen umgeben. Diese Gebilde nennt man in der Eifel Maare. Hier findet man sie als mehr oder weniger runde, kleine und von tiefen Seen erfüllte „Augen der Landschaft“. Das Doppelmaar des Laacher Sees, das Pulvermaar und das Gemündener Maar sind die bekanntesten. Ihre Wasserführung ist sekundär und wird durch das in den Trichtern angesammelte Grundwasser gespeist.“ (Richter, Geologie, 1969)

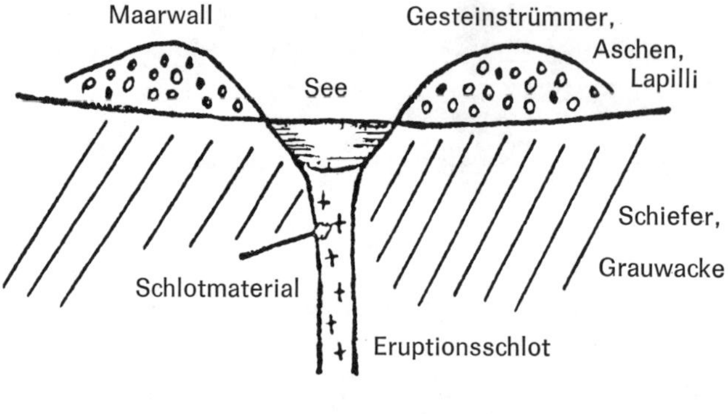

Abb. 5:
Schnitt durch ein Eifelmaar (nach Harms: Physische Geographie 1976)

— Die Dauner Maare:

„Südöstlich von Daun erreicht man an den Dauner Maaren das Gebiet des spät aufgelebten schwachen Vulkanismus der Westeifel . . . Zur Dauner Maargruppe gehören das Gemündener Maar 2 km südlich von Daun, das Weinfelder Maar (auch Totenmaar genannt) östlich vom Gemündener Maar und das Schalkenmehrener Doppelmaar unmittelbar bei Schalkenmehren. Zwei flache Schichtvulkane, die Hardt nortwestlich vom Weinfelder Maar an der Straße von Daun nach Mehren und der Hohe List südwestlich von Schalkenmehren sowie der Basaltfels der Altburg südwestlich vom Hohen List sind etwas älter als die Maare.“ (Frechen in „Die vulkanische Eifel“ von Hopmann, Frechen, Knetsch, Bonn, o.J.).

Untersuchungen ergaben als absolutes Alter der Dauner Maare 10 500 bis 11 000 Jahre. Die Vulkantätigkeit hat in diesem Bereich insgesamt etwa 500 Jahre gedauert.

— Vulkanisches Gestein:

„Magmatite entstehen aus dem glühend zähflüssigen Magma des Erdinnern. Erstarrt das magmatische Material in der Tiefe der Erdkruste, bilden sich die grobkörnigen Plutonite (Tiefengesteine) . . . Dringt das Magma mit Hilfe vulkanischer Kräfte bis zur Erdoberfläche vor, entstehen die feinkörnigen Vulkanite, vulkanische Gesteine, Ergußgesteine oder auch Eruptivgesteine, kurz Eruptiva genannt.“ —

„Der wesentliche Unterschied zwischen den Vulkaniten und Plutoniten liegt im Gesteinsgefüge. Da die Vulkanit-Magmen viel schneller erkalten als die der Plutonite, sind die Kristalle der Vulkanite im allgemeinen nur klein . . . Wir bezeichnen eine solche Struktur als dicht. Nur einzelne Kristalle können sich voll entwickeln, sind dann scharf begrenzt und zeigen ihre typische Kristallform. Diese Struktur heißt porphyrisch. Sie ist ein wesentliches Charakteristikum der Vulkanite“ (Schumann, Steine und Mineralien, 1975).

Geographische Beobachtungen, Messungen und Erkundungen auf der Insel Spiekeroog

Kurzbericht über einen Schullandheimaufenthalt
mit einer 8. Klasse

AXEL SCHMIDT, GERHARD SIEWEKE, UDO SOHL

1 Vorbemerkung

Die Hauptschule Bielefeld-Brake entsendet ihre Schüler in ihr „Walter-Requardt-Schullandheim“ auf der Nordseeinsel Spiekeroog. Hier bietet sich die Erarbeitung des Themas „Wattenmeer und Inselwelt“ an: Veränderungen der Landschaft durch die Wirkung der Gezeiten, der Strömungen, der Brandung und der Winde. Gut zu beobachten sind die Veränderungen von Kleinformen in den unterschiedlichen Substraten von Schlick und Sand. Zu den sozialgeographischen Themen gehört die Erkundung der Wirksamkeit des Fremdenverkehrs auf dieser Insel. Dabei bieten sich den Schülern Möglichkeiten, naturwissenschaftliche Betrachtungsweisen und Arbeitstechniken kennenzulernen. Gut zu realisieren ist die Eigenaktivität der Schüler durch Kleingruppenarbeit.

Das Gesamtprojekt „Die Insel Spiekeroog“ wurde im Sommer 1977 erstmals von drei Klassen der Hauptschule Bielefeld-Brake mit insgesamt 81 Schülern durchgeführt. Die Schüler der Klassen 8 a und 8 b bearbeiteten vor allem physisch-geographische und sozialgeographische Aspekte der Insel, die Klasse 8 c biologische Themen. Die Schüler aller drei Klassen waren mit der Gruppenarbeit vertraut. Durch ihren Aufenthalt während des 5. Schuljahres hatten sie bereits Eindrücke über Lebensbedingungen auf einer Ostfriesischen Insel gewinnen können. Die Aufenthaltsdauer im Schullandheim betrug für jede Klasse 16 Tage. Dabei waren die Vormittage vor allem der Projektarbeit vorbehalten. Unsere Ankündigung, während des Spiekeroog-Aufenthaltes ein Unterrichtsvorhaben über „Wattenmeer und Inselwelt“ durchzuführen, verwunderte die Schüler zunächst, da sie erwartet hatten, daß im Schullandheim an den Vormittagen der normale Fachunterricht fortgesetzt werden würde. Doch dann machten sie zahlreiche Vorschläge zur inhaltlichen Durchführung des Projektes. Dabei war es vorteilhaft, daß die Schüler die Insel von ihrem Aufenthalt während des 5. Schuljahrs her bereits kannten.

Das Schullandheim „Walter-Requardt-Heim“ liegt außerhalb des Dorfes Spiekeroog am Dünenrand im Westend der Insel. Es bietet Platz für ca. 70 Schüler. Zum Heim gehören ein eigener Sportplatz, eine Sporthalle, ein Klassenraum, ein Tagesraum sowie ein Lesesaal. Diese Einrichtungen standen den Schülern für ihre Arbeiten voll zur Verfügung.

2 Lernziele im Rahmen des Projektes:

- Eigene Messungen und Beobachtungen vornehmen und darstellen (z. B. Deiche, Fluthöhe, Dünen, Witterung),
- Literatur zu verschiedenen Themenbereichen sammeln, sichten und auswerten: Entstehung der Ostfriesischen Inseln — Veränderung der Inseln — Entstehung der Gezeiten (Ebbe, Flut, Spring- und Sturmfluten) — Küstenschutz,
- mit Hilfe der ausgewählten Literatur Kurzreferate halten sowie schriftliche Kurzberichte über das gleiche Thema anfertigen, um andere Arbeitsgruppen auf den gleichen Informationsstand zu bringen,
- Ebbe und Flut zeichnerisch darstellen,
- Küstenschutzeinrichtungen im Querschnitt zeichnen,
- Umrißveränderungen der Insel darstellen und begründen,
- Fragebögen für die Erkundung des Fremdenverkehrs auf der Insel erstellen und die Ergebnisse tabellarisch oder graphisch darstellen,
- selbständig Inselbewohner und Touristen interviewen,
- Auskünfte beim Gemeinderat der Insel einholen.

3 Themenkreise im Rahmen der Erkundungsphase des Projektes

1. Die Entstehung der Ostfriesischen Inseln

Dieses Thema wurde von einer Gruppe mit Hilfe ausgewählter Literatur arbeitsteilig bearbeitet und der Klasse als Bericht mit graphischen Darstellungen vorgestellt.

2. Die Gezeiten

Eine Arbeitsgruppe führte selbständig Messungen der Flut- und Ebbsäume bei unterschiedlichen Wetterlagen, Windrichtungen und Windstärken durch. Diese Messungen erfolgten auf der Seeseite. Auf der Wattseite wurden aus Sicherheitsgründen nur die unterschiedlichen Flutsäume gemessen. Die notwendigen Wetterdaten wurden von den Schülern bei der Kurverwaltung und einige Male von einer Wetterstation eingeholt. Die Meßergebnisse wurden graphisch dargestellt.

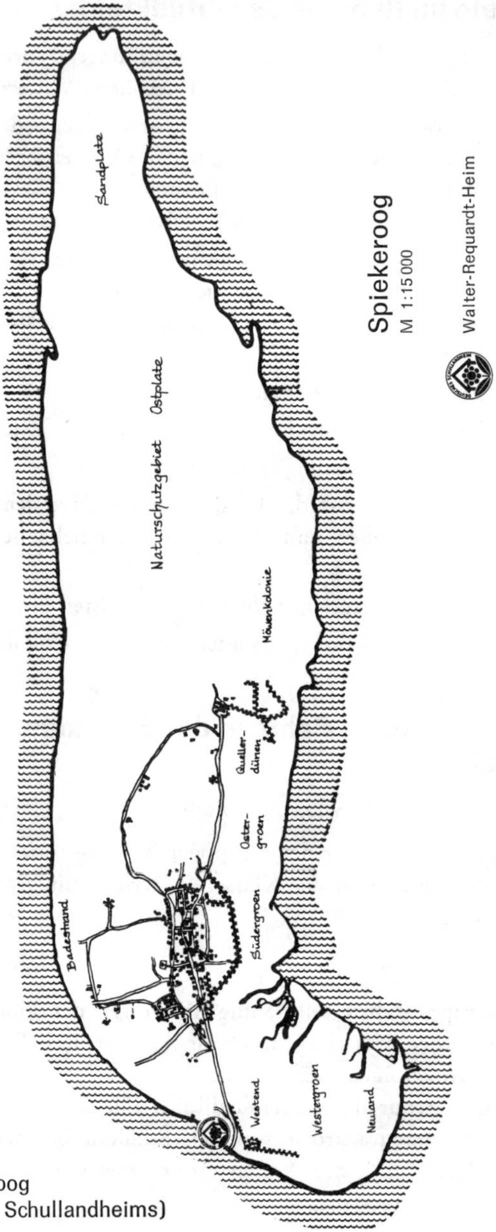

Abb. 1:
Die Insel Spiekeroog
(mit Standort des Schullandheims)

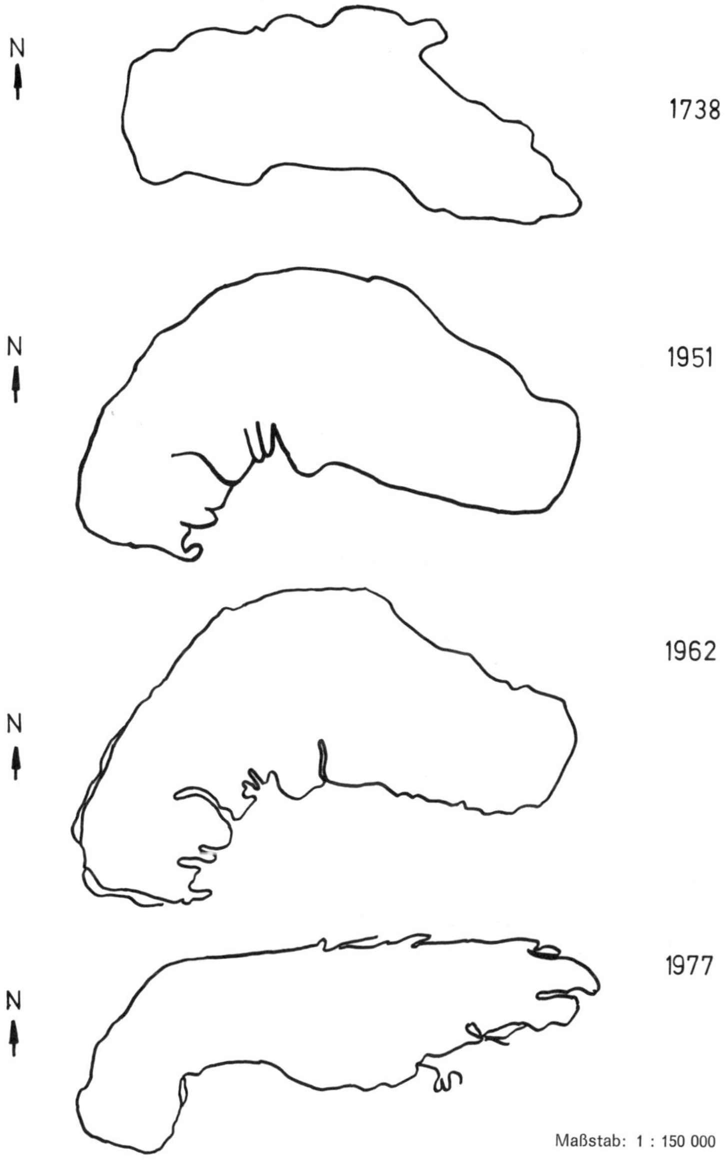

Abb. 2:
Veränderungen der Insel Spiekeroog zwischen 1738 und 1977

3. Auswirkungen von Sturmfluten

Dieses Thema betraf hauptsächlich die Sturmflut von 1962 sowie die Sicherheitsvorkehrungen, die daraus resultierten. Eine Schülergruppe befragte dazu Inselbewohner. Die Interviews wurden auf (Tonbandkassetten) aufgezeichnet und anschließend ausgewertet.

Informationen über Baukosten und Reperaturkosten an Deichen wurden im Amt für Küstenschutz eingeholt.

4. Beobachtungen und Messungen zur Dünenbildung

Für die Messungen zur Entstehung von Primärdünen wurden von den Schülern Meßlatten an geschützten und ungeschützten Stellen des Küstensaumes eingerammt. Die Sandanwehungen wurden zweimal täglich in ihrer Höhe und Richtung gemessen; die Ergebnisse wurden in tabellarischer Form festgehalten (vgl. Tab. 1).

5. Erkundungen zur Struktur der Inselbevölkerung

Es wurden ermittelt und graphisch dargestellt:

- Gesamteinwohnerzahl der Insel und Bevölkerungsdichte (im Vergleich zur Bevölkerungsdichte in der Bundesrepublik Deutschland),
- Zahl der Erwerbstätigen,
- Zahl der Ein- und Auspendler,
- Zahl der Saisonarbeiter,
- Zahl der Berufsgruppen der Gewerbetätigen.

6. Umfang und Wirksamkeit des Fremdenverkehrs

Ein von den Schülern selbständig ausgearbeiteter Fragebogen (vgl. Abb. 3) wurde an Inselbewohner verteilt und ausgewertet.

Tab. 1: **Meßergebnisse über Dünenbildungen (Meßpfahl I)**

Standortbeschreibung	Datum	Windrichtung	Windstärke	angewehte Höhe in Himmelsrichtung
Primärdünen	7.6.1977	Ost/drehend	5-6	-5 cm Nord/+4 cm West
hinter dem Heim	8.6.1977	West drehend	5-6	-1,7 Nord/+0,5 West/+1,5 Süd/-1 Ost
	—	—	—	—
	10.6.1977	Südwest	4	-3 Nord/-0,5 West/-0,3 Süd/-1 Ost
	—	—	—	—
	12.6.1977	Ost/drehend	2	-0,5 Nord/+1 West/+0,5 Süd/-0,5 Ost
	13.6.1977	Ost/drehend	2	—
	14.6.1977	Ost/drehend	2	-3 Nord/-2 West/-2 Süd/-3 Ost
	15.6.1977	Ost/drehend	3-4	-3 Nord/-2 West/-2,5 Süd/-3 Ost
	16.6.1977	Ost/drehend	2	-3 Nord/-2,5 West/-2,5 West/-3 Ost

Abb. 3: Fragebogen zur Erkundung des Fremdenverkehrs

SCHÜLERGRUPPE DER HAUPTSCHULE BRAKE:
z. Zt. Schullandheim Walter-Requardt-Heim, Westend 20, Spiekeroog

Fragebogen

Bitte unterstützen Sie unsere Projektarbeit „Die Insel Spiekeroog“,
indem Sie diesen Bogen ausfüllen!

1. Persönliche Angaben:

a) Name (freiwillig) ....

b) Alter ....

c) Geschlecht ....

d) Beruf (freiwillig) ....

2. Mein Heimatwohnsitz befindet sich:

a) im Bundesland ....

b) Dorf/Kleinstadt
(bis ca. 10 000 Einw.) ....

c) Kleinstadt/Mittelstadt
(bis ca. 100 000 Einw.) ....

d) Großstadt (über 100 000 Einw.) ....

3. Ich war noch nicht/schon in Spiekeroog:

a) wenn ja, wie häufig? .... mal

davon:

b) allein .... mal

c) allein mit Kind(ern) .... mal

d) mit Ehepartner ohne Kinder .... mal

e) mit Ehepartner und Kind(ern) .... mal

4. Während der Aufenthalte habe ich gewohnt:

a) Hotel .... mal

b) Pension .... mal

c) Campingplatz .... mal

d) Sonstige Unterkünfte .... mal

Zum jetzigen Aufenthalt:

5. Ich bin nach Spiekeroog gekommen:

a) allein ....

b) allein mit Kind(ern) ....

c) mit Ehepartner ohne Kinder ....

d) mit Ehepartner und Kind(ern) ....

6. Aufenthaltsdauer:

a) über 4 Wochen ....

b) 3 bis 4 Wochen ....

c) 2 bis 3 Wochen ....

d) 1 bis 2 Wochen ....

e) 1 Woche ....

f) weniger als 1 Woche: Tage ....

7. Zweck des Aufenthaltes:

a) Kur ....

b) Erholungsurlaub ....

c) Sonstiges (bitte nennen) ....

8. Was erwarten Sie von Ihrem Spiekeroogaufenthalt 1977 vorwiegend?

a) Erholung und Ruhe ....

b) Sport und Badefreuden ....

c) Lebendige, vielseitige Urlaubsatmosphäre ....

d) Sonstiges (bitte nennen) ....

9. Sind Ihre Erwartungen erfüllt worden?

a) ja ....

b) nein ....

c) teilweise ....

10. Was hat Ihnen gefallen bzw. nicht gefallen?

Bitte in Stichworten ausfüllen!

a) Gefallen ....

....

....

....

....

b) Nicht gefallen ....

....

....

....

....

Ergebnisse einer Touristenbefragung:

Zahl der befragten Personen: 105

Zu Frage 1 (Persönliche Angaben):

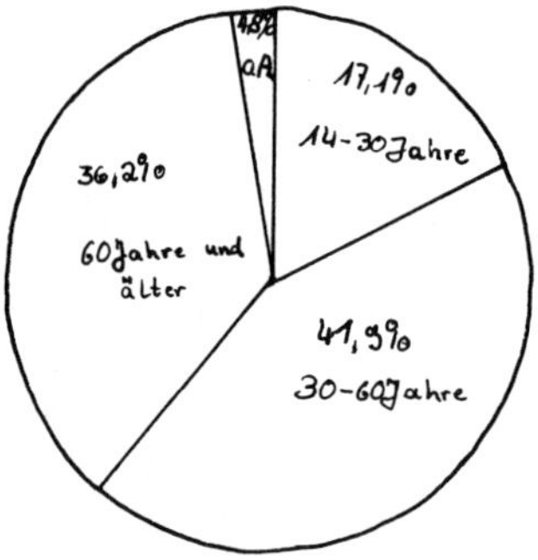

Berufsgruppen:

Zu Frage 5 (Art des Aufenthalts):

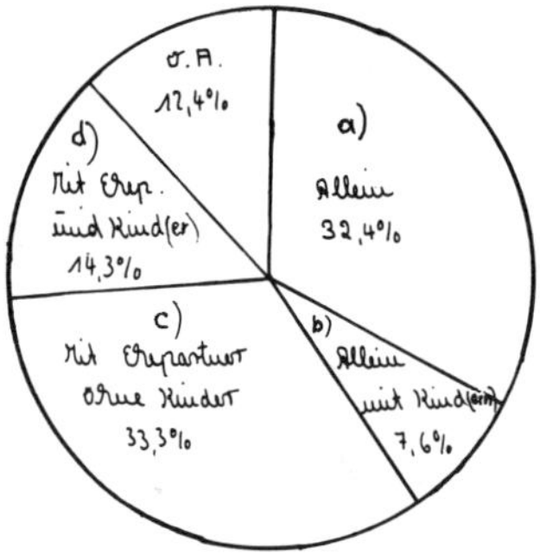

Zu Frage 10 (Was hat gefallen?):

was	Anzahl
Insel	5
nette ruhige Umgebung;	33
Strand	11
gutes Wetter	5
reine Luft	5
keine Autos	20
gute Erholung	2
alles	21
freundlich	4
Meer	9
Natur	12
Kulturveranstaltungen	5
Dorf + Wege	4

Zu Frage 10 (Was hat nicht gefallen?):

was nicht	Anzahl
schlechtes Wetter	4
wenig Möglichkeiten für den Kurgast: kein Kino;	6
Leseräume nicht benutzbar;	1
Strandhalle nicht fertig;	2
keine Autos	2
dreckiger Strand	12
Unfreundliche Menschen;	10
hohe Preise	4
wenig Jugendveranstaltungen	2
keine Disco	1
wenig Geschäfte	2

Abb. 4:
Das Interviewerteam

Abb. 5:
Walter-Requardt-Schullandheim auf Spiekeroog

4 Zusammenfassung

Dieser Kurzbericht gibt einen knappen Überblick über verschiedene Themenkreise, die während eines längeren Schullandheimaufenthaltes (in diesem Fall 16 Tage) auf der Insel Spiekeroog sehr gut bearbeitet werden können. In ähnlicher Form lassen sich diese Beobachtungen und Erkundungen auf allen friesischen Inseln durchführen. Bei kürzeren Schullandheimaufenthalten empfiehlt es sich, einige Themen wegzulassen. Dies ist ohne weiteres möglich, da die hier angesprochenen Themen auch unabhängig voneinander bearbeitet werden können.

Im Vordergrund standen die geographischen Beobachtungen, Messungen und Erkundungen „vor Ort". Dabei stießen die Befragungen und Erkundungen zur Struktur der Inselbevölkerung und zum Umfang und zur Wirksamkeit des Fremdenverkehrs auf das größte Interesse bei den Schülern, während z. B. die Arbeit mit Literatur (Sammlung, Sichtung und Auswertung von Literatur zu verschiedenen Themenbereichen) nicht so begeistert aufgenommen wurde. Die auswertenden Arbeiten sollten deshalb auch möglichst nicht den Charakter eines „normalen Schulunterrichts" erhalten.

Alle Aufgaben wurden in Gruppenarbeit erledigt. Die Erkundungen erfolgten in zeitlich parallel laufenden Gruppen. Durch gemeinsame Sitzungen aller Gruppen wurde immer wieder ein Informationsaustausch zwischen den Gruppen hergestellt, so daß allen Beteiligten bekannt war, welche Aufgaben die verschiedenen Gruppen bearbeiteten. Vorteilhaft war es außerdem, daß die Schüler, die mit anderen Gruppenthemen schwerpunktmäßig befaßt waren, die Ergebnisse der anderen vor Ort überprüfen konnten. Dieses Überprüfen empfanden die Schüler als sehr wichtig, besonders wenn es sich um direkte Beobachtungen und eigene Messungen handelte. Es war so leichter für sie, die bei den gemeinsamen Gruppensitzungen gegebenen Informationen nachzuvollziehen und zu verarbeiten.

Die Schüler hatten insgesamt sehr viel Spaß bei der Durchführung dieser geographischen Beobachtungen, Messungen und Erkundungen. Dies lag zum einen daran, daß das ganze Vorhaben sehr abwechslungsreich war, zum anderen aber daran, daß die Schüler sehr selbständig arbeiten konnten und es sich erheblich vom „normalen Schulunterricht" abhob.

Abb. 6:
Schüler bei der Graphischen Darstellung von Spiekeroog

▷
Abb. 7:
Messung der Flut- und Ebbsäume

Abb. 8:
Vermessen der Deiche

Erkundung der Auswirkungen der Gebiets- und Verwaltungsreform am Beispiel der Gemeinde Marpingen

Bericht über ein Unterrichtsprojekt mit Schülern des 8. und 9. Schuljahres von Haupt- und Realschulen

EMIL WAGNER

1 Zum Standort

Primärer Lernort war das Schullandheim der Kreisrealschule Neunkirchen. Es liegt am Hang eines kleinen Seitentales des Dorfes Berschweiler, das heute als Ortsteil zur *Einheitsgemeinde Marpingen* gehört. Obwohl zum stark industrialisierten Saarland gehörend, sind hier nur kleine Gewerbebetriebe angesiedelt, so daß die vier Ortsteile (Alsweiler, Berschweiler, Marpingen, Urexweiler) stark ländlichen Charakter tragen. Der größte Teil des Bodens wird von den Aussiedlerhöfen bewirtschaftet. Gegenüber der Zeit vor 50 Jahren wird nur noch von wenigen Einwohnern die Landwirtschaft als Nebenerwerb betrieben. Der „Bergmannsbauer“ ist fast vollständig verschwunden. Der größte Teil der Bevölkerung sind Arbeiter, Angestellte und Beamte. Die Ortsteile Alsweiler, Berschweiler, Urexweiler und Marpingen wurden nach der Gebietsreform vom 1. 1. 74 zu einer Einheitsgemeinde zusammengeschlossen.

Tab. 1: Fläche und Einwohnerzahl von Marpingen

Ortsteile	Flächen (km^2)	Einwohner (30. 6. 71)
Alsweiler	9,24	2 279
Berschweiler	6,84	964
Urexweiler	11,03	3 042
Marpingen	12,56	4 647
Einheitsgemeinde Marpingen	39,67	10 932

2 Zur didaktischen Konzeption

Die Großgemeinde Marpingen entstand durch die Gebietsreform vom 1. 1. 1974. Ihr gehören neben dem Hauptort Marpingen noch die bis dahin selbständigen Orte Alsweiler, Berschweiler und Urexweiler an. Diese Orte haben eine unterschiedliche geschichtliche Entwicklung und gehörten bis zu ihrem Zusammenschluß verschiedenen Verwaltungszentren an.

Aufgabe unseres Unterrichtsprojektes war es, die Auswirkungen des Zusammenschlusses verschiedener Orte mit verschiedener und zum Teil eigenständiger Entwicklung in eine Großgemeinde im Rahmen der Gebietsreform zu untersuchen. Dabei wollten wir zunächst einmal feststellen, was die

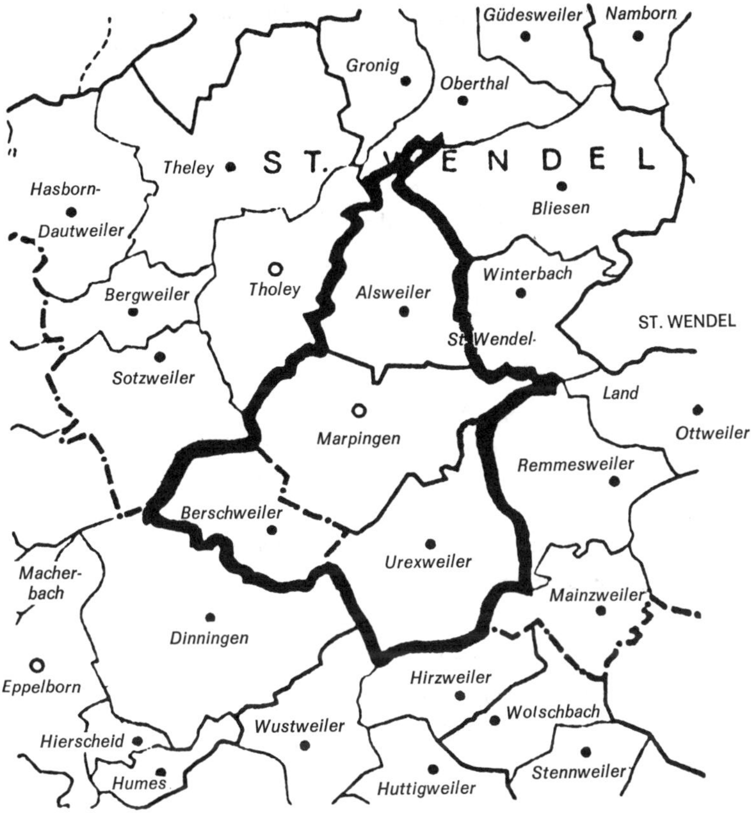

Abb. 1:
Raum Marpingen (Einheitsgemeinde)

Ansässigen der Großgemeinde von der Einführung der Gebiets- und Verwaltungsreform wußten und darüber dachten. In Alsweiler, Berschweiler, Marpingen und Urexweiler führten wir daher mit dem Kassettenrecorder *Befragungen* durch. Anschließend werteten wir die Antworten zu folgenden Fragen aus:

— Was halten Sie von der Gebiets- und Verwaltungsreform?

— Was hat sich für Sie persönlich geändert?

— Wohin gehen Sie bevorzugt einkaufen?

Da sich Vertreter der politischen Parteien (CDU und SPD) zum Thema „Gebiets- und Verwaltungsreform“ stellten, konnten wir mit Hilfe der Lehrer ein *Experteninterview* durchführen.

Die Niederschrift des Interviews beinhaltet die Antworten des Fraktionsvorsitzenden der SPD und eines Gemeinderatsmitgliedes von der CDU auf Fragen wie:

- Warum hat man gerade Marpingen zum Zentrum gewählt?
- Wie werden die Gelder an die einzelnen Gemeinden verteilt?
- Von welcher Partei ging die Gebietsreform aus?
- Wer hat das ausschlaggebende Wort, wenn die Gemeinderäte sich nicht einig werden?

Weitere Experteninterviews wurden mit Vertretern der Parteien, dem Bürgermeister der Einheitsgemeinde Marpingen (CDU), dem ehemaligen Bürgermeister des jetzigen Ortsteiles Urexweiler (SPD) sowie einem Sprecher der FDP durchgeführt.

Die Fragen waren zunächst auf allgemeine Angaben gerichtet:

- Welche Aufgaben hat eine Gemeinde?
- Wie wird eine Gemeinde verwaltet?
- Wie steht es um die Finanzkraft der Gemeinde?
- Welche sozialen Einrichtungen bietet die Einheitsgemeinde Marpingen ihren Einwohnern?

Ein wesentlicher, weiterer Aspekt der Experteninterviews richtete sich auf die Einschätzung der Veränderungen durch die Kommunalreform.

Zum Abschluß des Projektes wurde in der Kreisrealschule Marpingen eine *Podiumsdiskussion* unter Beteiligung von Schülern, Eltern, Lehrern und Kommunalpolitikern durchgeführt, auf der die Ergebnisse der Projektarbeit vorgestellt und diskutiert wurden; diese bezogen sich sowohl auf die Befragungen und Experteninterviews als auch auf Erhebungen der Erwerbs- und Beschäftigungsstruktur.

Das Projekt „Erkundung der Auswirkungen der Gebiets- und Verwaltungsreform am Beispiel der Gemeinde Marpingen“ bot die Möglichkeit, folgende *Erkenntnisse, Einsichten und Fertigkeiten* zu erlangen:

(a) im *instrumentalen* Bereich:

- das Interview als eine Möglichkeit der Informationsbeschaffung einsetzen und auswerten lernen

— schriftliche Informationen bei den Dienststellen der Gemeinde, des Kreises und des Landes sammeln und auswerten lernen
— Informationen in Form von Statistiken, Karten und Diagrammen darstellen lernen
— die Infrastruktur einer Gemeinde in Feldarbeit erkunden und kartographisch darstellen lernen
— die gewonnenen Erkenntnisse vor Eltern und vor Vertretern der Parteien und der Verwaltung darlegen und verteidigen können

(b) im *kognitiven* Bereich:
— Gründe und Grundziele der kommunalen Neuordnung erkennen können
— Räumliche Strukturen und Verflechtungen im Neuordnungsraum erkennen können
— Beziehungen zwischen räumlichen Strukturen und der Neugliederung herstellen können
— Vorteile und Nachteile der Kommunalreform bewerten können

(c) im *affektiven* Bereich:
— Interesse an kommunalen und politischen Vorgängen zeigen und sie kritisch beurteilen

Die Schüler, die an dem Projekt mitarbeiteten, waren nicht, wie sonst üblich, Schüler aus einer oder zwei Klassen der gleichen Schule; es waren vielmehr Klassen aus der Realschule Neunkirchen, einer Volks- und Realschule aus Hamburg und den Realschulen aus St. Wendel und Marpingen, die die Lösung von Aufgaben übernommen hatten. Die Schüler stammten aus verschiedenen sozio-kulturellen Schichten und Räumen: der Großstadt Hamburg, der Mittelstadt Neunkirchen und ihrer Umgebung sowie der Kleinstadt St. Wendel und dem ländlichen Raum von Marpingen und Umland. Sie waren Schüler der gleichen Jahrgangsstufe: des 8. und 9. Schuljahres.

Es war festzustellen, daß den weitaus meisten Schülern gegenwärtige gesellschaftspolitische, staatliche und kommunale Probleme wenig bekannt waren. Hier mußte sich der gegenwartsbezogene Unterricht in der Geschichte und Geographie bzw. in der Gesellschaftslehre herausgefordert fühlen.

Mit dem vorliegenden Projekt sollte der Versuch unternommen werden, in Schülern das Interesse für ihre soziale Umwelt und die immer schwieriger werdende Verwaltung unseres Gemeinwesens zu wecken.

Eine zweite Absicht war die Erprobung von Methoden eines „neuen Lernens“.

Viele neue Informationen und Fähigkeiten werden heute nicht mehr allein durch die Schule vermittelt, sondern müssen auch ohne Lehrer gewonnen werden. Dabei handelt es sich etwa um die selbständige Erarbeitung von Informationen aus Schriften, um die gezielte Beobachtung von Zuständen und Entwicklungen, die Führung von Gesprächen, die Teilnahme an Diskussionen und die Umsetzung von theoretischem Wissen in praktische Anwendbarkeit. Dazu sollte das gewählte Unterrichtsprojekt während des Schullandheimaufenthaltes einen Beitrag leisten. Als besonders fruchtbar erwies sich dabei die Arbeit „vor Ort“, die Konzentration auf das eine Thema, der ständige und ungehinderte Austausch von Erfahrungen und die Weitergabe von Erkenntnissen innerhalb der Gruppen und der Klasse. Dadurch wurde für das Vorhaben insgesamt ein Interesse hervorgerufen, wie es im normalen Schulunterricht wohl nur selten der Fall ist.

3 Zu den Befragungen

Die Befragung durch die Schüler und Schülerinnen der Realschule Marpingen war — u. a. wegen der besseren Raumkenntnis — gezielter und umfassender als die durch die Schüler aus Hamburg. Sie wies natürlich ebenfalls methodische Mängel auf, die bei der Auswertung der Ergebnisse zu berücksichtigen sind; so wurde die Altersstufe von Personen im Alter von 20 bis 40 Jahren nicht hinreichend in die Befragung miteinbezogen. Dennoch werden Tendenzen erkennbar, die von den Verantwortlichen zu beachten sind. Wichtig ist, welche *Erfahrungen* die *Schüler* bei ihren Interviews machten: Sie stellten fest, daß ein großer Teil der Bevölkerung gegenüber solchen Befragungen mißtraurisch ist. Besonders stark war dies in Alsweiler spürbar, am wenigsten in Berschweiler. Ein Grund war wahrscheinlich, daß die Bevölkerung von Berschweiler durch das Schullandheim stärker an die Begegnungen mit ortsfremden Schülern gewöhnt ist. Nach Meinung der Befrager war ein Teil der Antworten deshalb negativ ausgerichtet, weil lokale Unstimmigkeiten und Reibereien aus früheren Jahren und Jahrzehnten, wahrscheinlich auf Grund der verschiedenen geschichtlichen Entwicklungen der einzelnen Ortsteile, noch nicht überwunden sind.

Die Schüler sahen sich aber auch selber kritisch: die Führung von Gesprächen und Befragungen muß gelernt werden. Der Gesprächsführer muß sachlich gut vorbereitet sein.

Bürgerbefragung in Berschweiler über die Gebiets- und Verwaltungsreform durch Marpinger Schüler (Auswahl):

FRAGEN:

1. Was halten Sie von der Gebietsreform?
2. Hat sich etwas für Sie persönlich geändert?
3. Wo machen Sie Ihre Großeinkäufe?

ANTWORTEN der Befragten (Auswahl):

A

1. Die Gebietsreform ist eine Sache, die Zeit braucht und die nicht auf ein oder zwei Jahre Erledigung findet. Die Leute müssen sich daran gewöhnen.
2. Es hat sich nichts geändert.
3. St. Wendel.

B

1. „Sch ...". Es ist alles schlechter. Als kleinste Gemeinde werden wir nicht berücksichtigt.
2. Es hat sich nichts geändert.
3. St. Wendel.

C

1. Ich halte gar nichts davon. Sie wäre besser nicht gekommen. Aus dem einen Grund: Die kleinen Dörfer haben nichts davon (z. B. Steuern, Wegebau usw.).
2. Persönlich nichts.
3. Wemmetsweiler, Berschweiler.

D

1. Ich möchte mich dazu nicht äußern.
2. Nichts.
3. Eppelborn, Dillingen, Berschweiler, Saarbrücken.

E

1. Sie gefällt mir bis jetzt noch nicht; man wird sich daran gewöhnen müssen. Man war mehr nach der anderen Seite orientiert (z. B. Dirmingen, Saarbrücken).
2. Näherer Weg zur Verwaltung.
3. Neunkirchen, Saarbrücken.

F

1. Gar nichts; vorher war es schöner, in jeder Beziehung. Vorher waren wir unabhängig, nun sind wir das 5. Rad am Wagen.
2. Nichts.
3. St. Wendel.

Bürgerbefragung in Berschweiler:

Zusammenfassung der Ergebnisse

Befragt wurden 76 Personen

zu Frage 1:

Davon äußerten sich insgesamt

positiv:	30 Personen
negativ:	19 Personen
nicht eindeutig:	15 Personen
ohne Meinung:	12 Personen

zu Frage 2:

a) Die meistgenannten Klagen:
Busverbindung ist sehr schlecht.
Straßen in Berschweiler sind schlecht.
Schlechte Information der Bürger.

b) Die meistgenannten Vorteile:
Kürzerer Weg zur Verwaltung.
Mehr Geld als vorher.

zu Frage 3:

Einkaufsbeziehungen:

Berschweiler/Marpingen:	34/10 Personen
Saarbrücken:	11 Personen
St. Wendel:	38 Personen
Neunkirchen:	6 Personen
andere:	4 Personen

Bürgerbefragung in Marpingen über die Gebiets- und Verwaltungsreform durch Hamburger Schüler (Auswahl):

Fragende: Andreas und Frank

Fragen: 1. Sind Sie mit der Gebietsreform zufrieden?
2. Hat sie Vor- oder Nachteile gebracht?

Antworten der Befragten (Auswahl):

Ältere Frau: egal

Ältere Frau: gut (keine Begründung)

Ältere Frau: ganz gut, Steuerwesen besser

Etwa 30jährige Frau:
noch keine Gedanken gemacht

Polizist: Nur Vorteile. Bessere Verkehrsverbindung jetzt nach St. Wendel, besser als früher nach Ottweiler. Auch das Bürgermeisteramt näher. Nicht mehr nach Eppelborn (6 km), sondern nach Marpingen (3 km).

Etwa 45jährige Frau:
keine Auswirkungen

Sehr alter Mann:
praktisch, kostensparend, nur Vorteile

Alter Mann: keine Auswirkungen

Etwa 35jährige Frau:
wird besser (keine Begründung)

Etwa 30jährige Frau:
alles beim Alten geblieben. Es kommen jetzt mehr Leute nach Marpingen.

Etwa 60jähriger Mann:
Vorteile

Etwa 25jährige Frau:
ganz gut, noch nicht feststellbare Nachteile

Etwa 50jährige Frau:
Nachteile für Berschweiler, Vorteile noch nicht zu merken

Etwa 30jährige Frau:
egal, uninteressiert

Etwa 30jährige Frau:
ganz gut, Bürgermeisteramt näher

Älteres Ehepaar:
nicht viel, eigentlich keine Vorteile

Etwa 50jährige Frau:
„Ich frag mal meinen Mann!“

Etwa 50jähriger Mann:
gut. Notwendige Einrichtungen können besser finanziert werden.

Etwa 40jährige Frau:
war früher besser, müssen jetzt mehr Steuern zahlen.

Etwa 50jährige Frau:
gut, keine Nachteile, miteinander schaffen und leben.

Etwa 45jährige Frau:
gut, weder Vor- noch Nachteile.

Etwa 60jährige Frau:
gut, Vorteile für Marpingen als Großgemeinde (Straßenbau und Bürgersteige)

Etwa 30jährige Frau:
weder Vor- noch Nachteile

Etwa 30jährige Frau:
prima, keine Nachteile

Befragt wurden 117 Personen. Davon äußerten sich insgesamt

positiv: 50 %

negativ: 20 %

nicht eindeutig: 30 %

Zusammenfassung der Befragungsergebnisse in 3 Ortsteilen:

Tab. 2: Beurteilung der Gebietsreform

Ortsteil	Zufriedenheit		
	ja	nein	ohne genaue Angaben
Marpingen	50 %	20 %	30 %
Berschweiler	40 %	12 %	48 %
Urexweiler	25 %	75 %	0 %

Die Befragung erstreckt sich zwar auf eine relativ geringe Zahl und ist in der Auswahl der befragten Personen wissenschaftsmethodisch sicher nicht voll abgesichert. Immerhin aber ist eine Tendenz erkennbar: daß die Gebiets- und Verwaltungsreform in Marpingen ihre stärkste, in Urexweiler ihre geringste Zustimmung gefunden hat. Diese Erkenntnis findet auch durch andere Befragungen ihre Bestätigung.

4 Zu den Experteninterviews

4.1 Protokoll einer Diskussion über die Gebiets- und Verwaltungsreform

Teilnehmer an der Diskussion:

Herr A.: Vertreter der CDU
Herr S.: Vertreter der SPD
Herr B.: Klassenlehrer
Herr G.: Klassenlehrer

Klasse 9a/9b

Diskussionsleiter:

Herr T.

— Grund der Einführung dieser Gebiets- und Verwaltungsreform

Herr A.:

Gebietsreform entsprang einer bundesweiten Bewegung; war vor allem auf die ganz kleinen und auf die sehr großen Gemeinden zugeschnitten.

— Warum kam die Gebiets- und Verwaltungsreform den großen und den kleinen Gemeinden zu Gute?

Herren A. und B.:

Ganz kleine Gemeinden unfähig, eigene Verwaltung aufrechtzuerhalten; sehr große Gemeinden haben zu viele Aufgaben für das Umland mitzuleisten, sind dadurch hoffnungslos verschuldet.

— Bei dem Interview haben sich viele Befragte nicht geäußert. Hängt das vielleicht von einer zu schlechten Information ab?

Herren A. und G.:

Tatsächlich hat Informationsarbeit der Parteien vielleicht nicht genügt; viele Bürger wohl auch gehemmt, wenn sie Mikrofon sehen und spontan antworten sollen.

— Von welcher Partei ging die Gebietsreform aus?

Herren A. und S.:

Beide Parteien, die damals im Landtag waren, haben Reform mitgetragen; verantwortet hat sie die CDU als Regierungspartei; in Einzelfragen Meinungsverschiedenheiten.

— Hat die Gebietsreform sich überhaupt bewährt?

Herren A. und S.:

Im großen und ganzen für Marpingen ja, für viele andere Gemeinden, die weniger Zusammenhalt haben, aber nicht.

— Warum ist Berschweiler eigentlich zu Marpingen gekommen, und nicht zu Dirmingen?

Herren S., A. und T.:

Marpingen brauchte ausreichende Größe; Entfernung Berschweiler — Marpingen nur 2 km, dagegen Berschweiler — Eppelborn 6 km; Entwicklung wäre anders verlaufen, wenn Dirmingen statt Eppelborn Zentralgemeinde geworden wäre; natürlich wurden alte verwaltungsmäßige und konfessionelle Bindungen abgerissen.

— Bekommen die Gemeinden, wenn sie zusammengeschlossen sind, mehr finanzielle Unterstützung, als wenn sie allein sind?

Herren S., A. und T.:

Prinzipiell keine Änderung, finanzielle Unterstützung wird schwerpunktmäßig verteilt (also nicht immer in jedem Jahr für jeden Ortsteil einen der Bewohnerzahl entsprechenden Anteil am Gesamthaushalt).

— Wer hat das ausschlaggebende Wort, wenn die Gemeinderäte sich nicht einig werden?

Herren A., S. und G.:

Mehrheitsentscheidung im Gemeinderat der Gesamtgemeinde; dabei kommt es auf die Wahllisten der Parteien an, wie die einzelnen Ortsteile im Gemeinderat vertreten sind.

— Warum hat man gerade Marpingen zum Zentrum gewählt?

Herren A. und S.:

Marpingen hat sich von der Größe, von der Verkehrslage und der Ausstattung (Geschäfte, Schulen usw.) als günstiger Standort angeboten (vgl. auch Entwurf des Innenministeriums).

— Stauseebau! Was steht dahinter?

Herr A.:

Noch keine offiziellen Initiativen, Pläne des Bürgermeisters.

4.2 Experteninterviews einer Neunkirchener Klasse mit dem Bürgermeister der Gemeinde Marpingen (CDU), dem ehemaligen Bürgermeister des jetzigen Ortsteils Urexweiler (SPD), dem Sprecher der FDP

Die Klasse führte während ihres Schullandheimaufenthaltes vom 18. 8. bis 30. 8. 1975 Experteninterviews zu den Vor- und Nachteilen der Gebiets- und Verwaltungsreform durch:

Antwortkomplexe zu den gestellten Fragen (Auswahl):

Der Bürgermeister der Gemeinde Marpingen antwortet:

— Während die Gemeinde Marpingen vor der Gebietsreform nur 8 Bedienstete beschäftigte, sind es jetzt 23. Das ist einmal auf den größeren Arbeitsanfall, zum anderen auf die angeordnete Übernahme von ortsansässigen Bediensteten von den Ämtern Eppelborn und St. Wendel zurückzuführen.

— Dadurch, daß sich die Gemeinden zusammenschlossen bzw. ihr Zusammenschluß verordnet wurde, sind die Gemeinden nicht reicher geworden; aber das Geld kann sinnvoller angelegt werden. Durch die Neugliederung der Gemeinden ist ein besseres Haushalten möglich als früher. Die notwendigen technischen Geräte können besser genutzt werden.

— Die Bürger der Gemeinden haben keinen so langen Anmarschweg wie früher. Die Verwaltung ist bürgernäher.

— Gemeinnützige Anlagen, die bisher meist nur den Städtern zugute kamen, werden jetzt auch im ländlichen Raume erstellt werden können. Gesundheitspflegerische, sportliche und kulturelle Anlagen können geschaffen werden, ohne daß dabei die Eigenarten der früheren Kleingemeinden eingeschränkt werden. Diesen Ortsteilen soll auch das eigene Vereinsleben erhalten bleiben.

— Marpingen hat neben großen Grund- und Hauptschulen auch eine Realschule. Dadurch werden die Berufschancen für die Heranwachsenden verbessert.

Der ehemalige Bürgermeister von Urexweiler antwortet:

— Alle vier Gemeinden haben wenig Arbeitsplätze zu bieten. In Urexweiler arbeitet eine Stahlfensterfabrik von geringer Größe, in Alsweiler eine kleine Möbelfirma. In Marpingen fehlen größere Betriebe ganz.

— Die vier Gemeinden waren vor der Gebietsreform finanziell sehr eingeengt, durch den Zusammenschluß ist keine reiche Großgemeinde entstanden.

— Den größten Vorteil von der Gebietsreform hat die Kerngemeinde Marpingen.

— Falls die Gebietsreform sich nicht bewährt, ist eine Wiederherstellung des alten Zustandes ausgeschlossen, weil sich dafür keine Zweidrittelmehrheit im Landtag finden wird. Die Gebietsreform war in dieser totalen Form nicht notwendig. Die Bevölkerung konnte dabei nicht mitbestimmen. In Urexweiler waren beispielsweise 75 % der Einwohner dagegen. Auch die alte Amtsverwaltung hätte bleiben können. Die Reform war ein Beschluß der saarländischen Regierung. Vorausgegangen war eine Grundsatzentscheidung aller Parteien im Herbst 1970. Einige Abgeordnete, darunter auch ich, hatten scharf dagegen gestimmt. Die Grundsatzentscheidung war für mich sinnlos. Daraufhin verfaßte das Innenministerium einen Entwurf für die Gebiets- und Verwaltungsreform. Meine Partei und ich fühlen uns durch diesen Entschluß hintergangen.

Der Sprecher der FDP antwortet:

— Die Kritik an der Verwaltungsreform erstreckt sich hauptsächlich auf die Alltäglichkeiten. Vor allem wird eine Stärkung des Kernortes, hier der Ortsteil Marpingen, befürchtet.

5 Zur Podiumsdiskussion

Als Abschluß der Projektarbeit wurde ein Podiumsgespräch durch die Kreisrealschule Marpingen durchgeführt. Dazu wurden die Eltern und die Kommunalpolitiker der Gemeinde eingeladen. Erschienen waren sämtliche Beigeordneten, die Sprecher der politischen Parteien, die Ortsvorsteher, ein großer Teil des Lehrerkollegiums und einige Eltern. Auf dem Podium saßen vier Schülerinnen der 10. Klasse, die Gesprächsleitung hatte ein Realschullehrer übernommen.

Nach einem kurzen Überblick über Ziel und Durchführung des Projektes berichteten die Schülerinnen über ihre Arbeit und die Ergebnisse (vgl. Pkt. 6).

Aus dem Protokoll:

Sehr schnell beteiligte sich auch das Plenum an dem Gespräch. Ausführlich wurde über die Gründe diskutiert, die die Befragten dazu bewogen hatten, der Gebietsreform zuzustimmen bzw. sie abzulehnen. Man stellte fest, daß sowohl sachliche wie emotionale Argumente bestimmend waren. Allgemein war man der Ansicht, daß geschichtliche und kirchliche Bindungen noch eine starke Rolle spielen. Trotzdem sind die Ansprüche, die von der modernen Industriegesellschaft gestellt werden, so stark, daß alte Bindungen nur noch z. T. in die Entscheidungen miteinbezogen werden.

Entscheidend ist durchweg der Informationsfluß. Das Podium stellte fest, daß hier Verwaltung und politische Parteien zu lässig gehandelt haben. Das Wesen der Gebiets- und Verwaltungsreform ist der Bevölkerung zu wenig dargelegt worden. Nur dort, wo die Reform einschneidende Veränderungen erwarten ließ und es deshalb zu tiefgreifenden Auseinandersetzungen kam, war auch die Information ausreichend.

Die Diskussion über die zukünftige Zusammenarbeit der vier Ortsteile nahm breiten Raum ein. Man war sich darin einig, daß übereilte Zentralisierung kultureller, sportlicher oder sonstiger gesellschaftlicher Vereinigungen vermieden werden sollte.

6 Darstellung der Ergebnisse

Um die Ergebnisse den Außenstehenden so nah wie möglich zu bringen, wurden Berichte, Zeichnungen und Diagramme erstellt:

1. Ein Pfeildiagramm, das die Einkaufstendenzen der Großgemeinde Marpingen widerspiegelt,
2. eine Statistik und ein Säulendiagramm zur Anzahl der Beschäftigten in den einzelnen Gemeinden für die Jahre 1960 und 1970,
3. ein Kreisdiagramm über die Einnahmen und Ausgaben im Haushaltsplan der Gemeinde Marpingen,
4. eine Zeichnung mit Text über die Lage der Lebensmittel- und Textilgeschäfte, der Gaststätten und Handwerksbetriebe, der Post und der Ärzte in Urexweiler und Berschweiler.

Anlagen

1. Beispiel eines Gruppenberichtes, der am Anfang der o. g. Podiumsdiskussion (vgl. S. 172) von der Schülerin Ulricke G. vorgetragen wurde:

„Die Aufgabe meiner Gruppe im Schullandheim war es, die Erwerbs- und Beschäftigungsstatistiken, die wir bei der Gemeindeverwaltung erworben hatten, auszuwerten. An Hand dieser Unterlagen konnten wir Tabellen anfertigen, mit denen wir uns eine bessere Übersicht verschafften. Besonders verdeutlicht haben wir dies jedoch in Graphiken, die Sie mit den Tabellen hier im Saal sehen können. Nach unserer Meinung müßten diese für alle gut verständlich sein.

Man kann daran z. B. ersehen, daß die Zahl der Erwerbspersonen (in der Großgemeinde etwa 3700) in Anbetracht der Arbeitsplätze (1400) erheblich höher sind, d. h. also, daß mehr als die Hälfte der Arbeitnehmer nicht in der Großgemeinde tätig sind.

Die Folge dieses Arbeitsplatzmangels ist, daß die meisten Arbeiter auspendeln. In allen Ortsteilen liegen die Auspendlerströme höher als 70 %.

In der Großgemeinde spielen zwar verarbeitende Industrie, private Dienstleistungen und Handel auch eine große Rolle, doch reicht das, wie Sie an der eben genannten Zahl gehört haben, nicht aus, um wenigstens die Hälfte der Erwerbspersonen in der Großgemeinde unterzubringen.

Da Marpingen im öffentlichen und privaten Versorgungsbereich relativ gut ausgestattet ist, z. B. durch Einzelhandelsgeschäfte, ein Kreditinstitut und 2 Versicherungsagenturen, weist es auf dem gewerblichen Sektor 160 Arbeitsstätten auf, in denen etwa 540 Erwerbspersonen tätig sind. Es hat somit auch eine gewisse zentrale Funktion.

Die restlichen Arbeitsplätze werden vorwiegend in Alsweiler (Deas-Werke) und zum geringeren Teil in Urexweiler (Metallbau) eingenommen.

An einer dieser Graphiken kann man gut erkennen, daß Landwirtschaft und Bergbau sehr an Bedeutung verloren haben, wogegen die Zahl der privaten Dienstleistungen, verarbeitende Industrie und vor allem der öffentlichen Dienstleistungen stark gestiegen ist.

Diese Erkenntnisse zeigen Ihnen nun, daß es in der Großgemeinde im großen und ganzen doch noch an vielem fehlt, zumindest in der City, damit diese zum zentralen Punkt der Gemeinde wird. Bei ausreichenden Geldsummen könnte man z. B. neue Arbeitsplätze und zwar ohne Industrieansiedlung in der City schaffen und gleichzeitig Marpingen zum zentralen Punkt machen.

2. Graphiken zu den Gruppenberichten

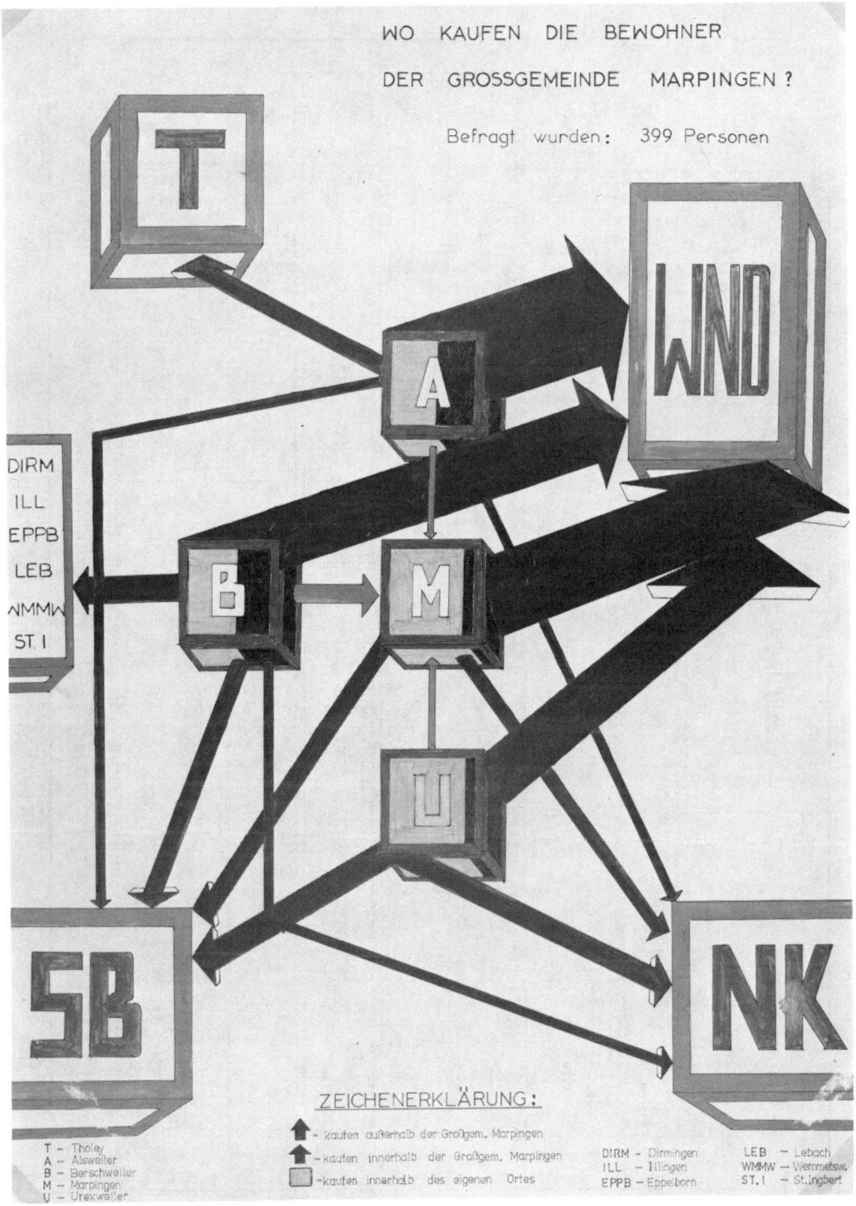

Abb. 2: Einkaufstendenzen

Tab. 3: Beschäftigungsstruktur 1970

Erwerbspersonen 1970

<table>
<tr><th></th><th>insgesamt</th><th>Ldw. usw.</th><th>Bergbau usw.</th><th>Eisen-erzeugung</th><th>andere verarbeitende Industrie</th><th>Baugewerbe</th><th>Handel</th><th>Verkehr usw.</th><th>Banken Versicherung..</th><th>private Dienstleistung</th><th>öffentliche Dienstleistung</th></tr>
<tr><td>Alsweiler</td><td>726</td><td>17</td><td>89</td><td colspan="2">229</td><td>45</td><td>74</td><td>61</td><td>13</td><td>82</td><td>116</td></tr>
<tr><td>Berschweiler</td><td>339</td><td>31</td><td>32</td><td colspan="2">95</td><td>29</td><td>40</td><td>26</td><td>9</td><td>33</td><td>40</td></tr>
<tr><td>Urexweiler</td><td>1034</td><td>46</td><td>112</td><td colspan="2">388</td><td>64</td><td>117</td><td>111</td><td>19</td><td>86</td><td>91</td></tr>
<tr><td>Marpingen</td><td>1598</td><td>21</td><td>205</td><td colspan="2">589</td><td>118</td><td>184</td><td>135</td><td>31</td><td>153</td><td>162</td></tr>
<tr><td>Marpingen insges.</td><td>3697</td><td>115</td><td>438</td><td colspan="2">1301</td><td>256</td><td>415</td><td>333</td><td>72</td><td>354</td><td>409</td></tr>
<tr><td>Marpingen insg. in % 1970</td><td>/</td><td>1,3 %</td><td>12,8 %</td><td colspan="2">36,9 %</td><td>7,4%</td><td>11,5 %</td><td>8,4%</td><td>1,9 %</td><td>9,6 %</td><td>10,1 %</td></tr>
<tr><td>Zum Vergleich Marpingen City 1960</td><td>1631</td><td>231</td><td>355</td><td>153</td><td>268</td><td rowspan="2">146</td><td rowspan="2">115</td><td rowspan="2">132</td><td rowspan="2">17</td><td rowspan="2">133</td><td rowspan="2">67</td></tr>
<tr><td></td><td></td><td></td><td></td><td colspan="2">441</td></tr>
</table>

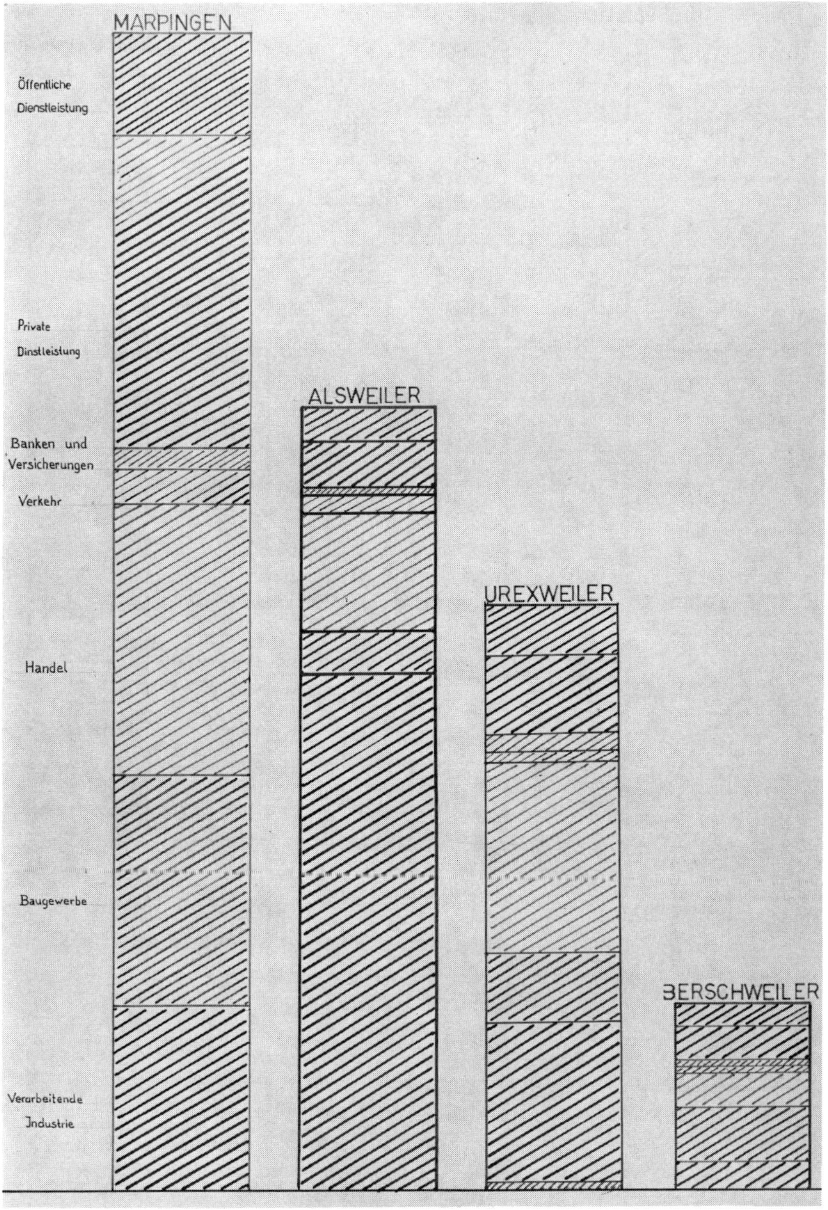

Abb. 3: Beschäftigungsstruktur 1970

Tab. 4: Arbeitsplatzstruktur 1970

Beschäftigte → Zahl der Arbeitsplätze
- 1970 -

	Ldw.	Verarbeit. Indus.	Bergbau Energie	Bau-gewerbe	Handel	Verkehr usw.	Banken Versich.	Private Dienstleist.	Öffentl. Dienst	Insgesamt
Alsweiler	—	298	—	23	61	8	2	27	20	439
Berschweiler	—	15	—	32	21	2	2	17	10	99
Marpingen	—	105	—	135	156	18	11	139	61	679
Urexweiler	—	93	2	31	101	6	7	45	35	320

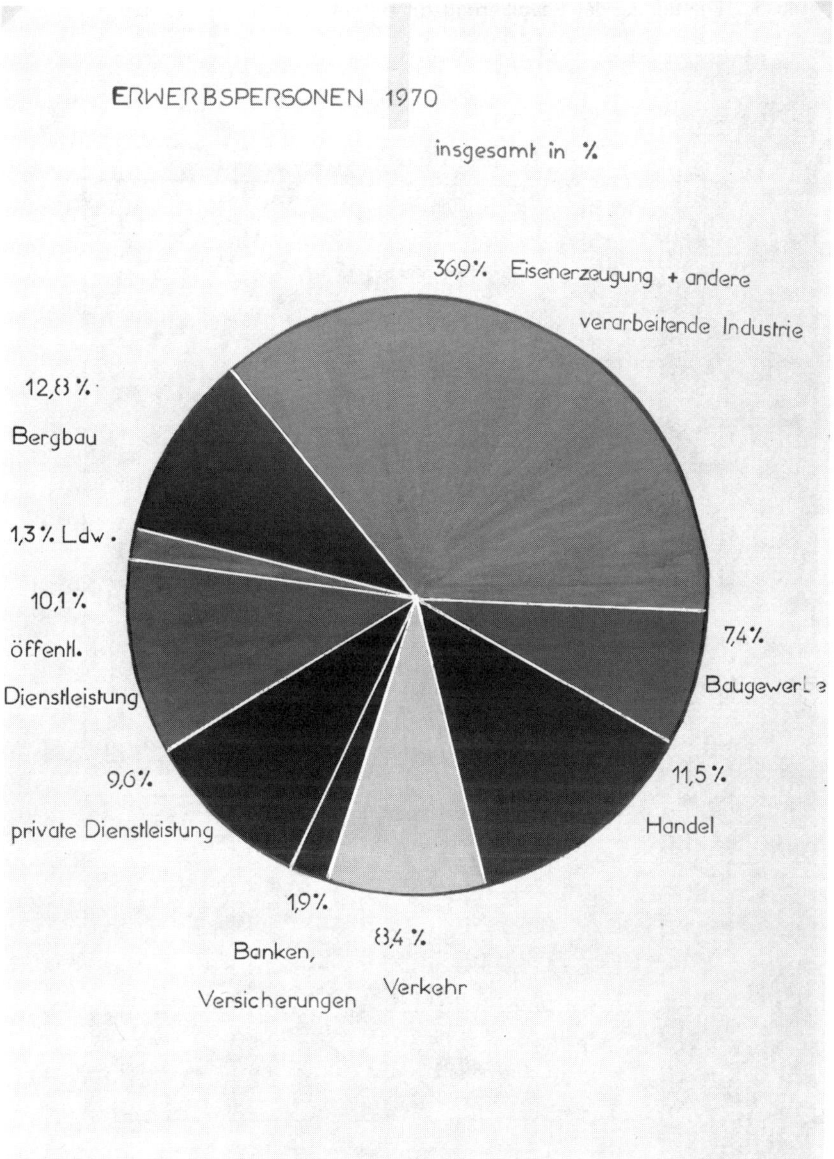

Abb. 4:
Arbeitsplatzstruktur 1970

Tab. 5: Einstellung der Bevölkerung zur Gebietsreform

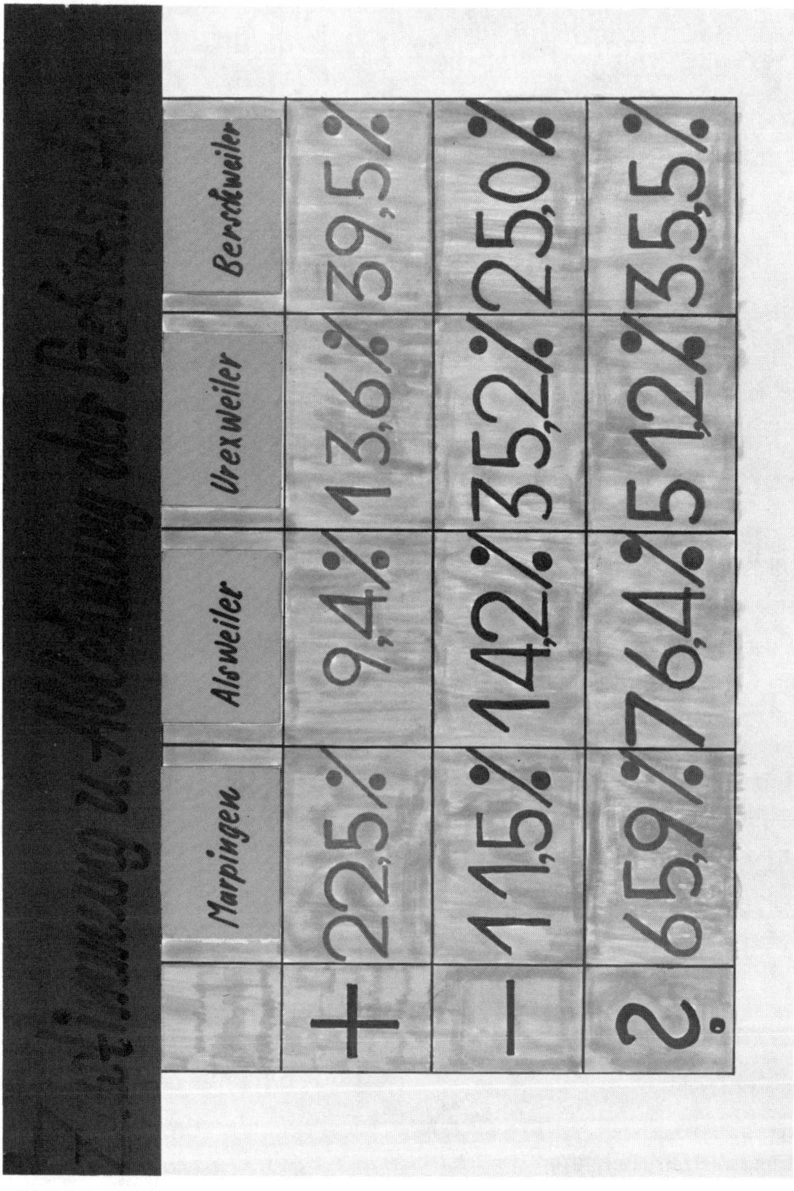

	Marpingen	Alsweiler	Urexweiler	Berschweiler
+	22,5%	9,4%	13,6%	39,5%
−	11,5%	14,2%	35,2%	25,0%
?	65,9%	76,4%	51,2%	35,5%

3. Bericht einer Tageszeitung zu dem Unterrichtsprojekt

STADT UND KREIS ST. WENDEL

Montag, 26. September 1977
Nr. 222 – Seite 3

Projektstudie der Realschule: „Eine Provokation der Politiker"

Schüler befragten Bürger

rd. Marpingen. Den Tücken der Gebiets- und Verwaltungsreform gingen Schüler und Schülerinnen der Marpinger Realschule nach. Im Auftrag des Bundeswissenschaftsministeriums hatten sich die Klassen 9a und 9b während eines Schullandheimaufenthalts in Berschweiler mit den Auswirkungen der Reform in der Großgemeinde Marpingen befaßt. In zahlreichen Interviews erkundeten sie die Reaktion der Bevölkerung in den vier Ortsteilen und verdeutlichten in mehreren Grafiken die Sozial- und Arbeitsmarktstruktur der Gemeinde sowie die Kaufgewohnheiten der Bürger. Die Ergebnisse ihrer Modellstudie wollten vier ausgewählte Schülerinnen in einem Podiumsgespräch der Bevölkerung vortragen. Doch das Interesse war bedauerlicherweise sehr gering, nur eine Handvoll Kommunalpolitiker und einige Lehrer nahmen an dem Diskussionsabend der Realschule teil.

Podiumsdiskussion der Realschule Marpingen: Während eines Schullandheimaufenthalts in Berschweiler hatten Schüler und Schülerinnen der Neuner-Klassen die kommunalpolitische Situation der Großgemeinde nach drei Jahren Gebietsreform untersucht. In einer Podiumsdiskussion wurden die Ergebnisse erörtert. Im Bild von links: Ulrike Groß, Karola Groß, Diskussionsleiter Walter Thewes, Anne Specht und Alice Recktenwald. Foto: rd

Mit Kassettenrekordern zogen die Jugendlichen aus. In Marpingen und in Berschweiler, in Alsweiler und in Urexweiler wurden den Bürgern dieselben Fragen gestellt: „Was halten Sie von der Gebiets- und Verwaltungsreform? Was hat sich für Sie geändert? Wo machen Sie ihre größeren Einkäufe?" Insgesamt 399 Personen wurden befragt. 81 äußerten sich positiv, 96 negativ, 69 wußten nichts davon („Gebietsreform, was ist das?"), und 146 Befragte waren ohne Meinung.

In sieben Fällen wurden die Schüler äußerst unwirsch abgefertigt. Eine Podiumsteilnehmerin: „In Alsweiler wurden wir rausgeworfen und verfolgt, man wollte uns sogar unseren Kassettenrekorder kaputtmachen!" Die größte Zustimmung fand die Reform in Berschweiler: 39,5 Prozent äußerten sich positiv, 25 Prozent negativ. Kein Wunder, denn – so wurde betont – die Berschweiler Bürger mußten früher einen Sieben-Kilometer-Weg auf sich nehmen, um zur Amtsverwaltung Eppelborn zu gelangen, nach Marpingen sind es lediglich zwei Kilometer.

Die Zustimmungsquoten in den übrigen Ortsteilen: Marpingen 22,5 Prozent, Alsweiler 9,4 Prozent, Urexweiler 13,6 Prozent. Die Prozentsätze der Ablehnung: Marpingen 11,6, Alsweiler 14,2, Urexweiler 35,2 und Berschweiler 25 Prozent. Am besten informiert zeigte sich die Berschweiler Bevölkerung, wie die Interviews ergaben. In Alsweiler hingegen zeigten sich 76,4 Prozent (!) aller befragten Bürger uninteressiert oder hatten sich noch keine Meinung gebildet. Fazit der Schüler: Hier müßten die Politiker noch eine Menge Arbeit leisten, um das Informationsdefizit auszugleichen.

Äußerst aufschlußreich ist die Grafik über die Einkaufsgewohnheiten in den einzelnen Ortsteilen. In dieser Hinsicht besitzt die „City" überhaupt keine Zentralität. Die Einkäufe werden entweder im eigenen Ort oder in St. Wendel getätigt. Ein nicht unerheblicher Prozentsatz orientiert sich nach Neunkirchen, Saarbrücken und Tholey.

Ob Marpingen wenigstens in kultureller Beziehung „City" werden kann, fragte Realschuldirektor a. D. Emil Wagner aus Berschweiler, der die Projektstudie initiiert und unterstützt hatte. Die Diskussion ergab, daß „der Gang nach Marpingen" der jungen Generation – bedingt durch das Schulzentrum – leichter fallen werde als den Vorvätern. Auf Vereinsebene müsse man zwar eine Zusammenarbeit anstreben, ohne dabei allerdings die Eigenständigkeit der einzelnen Ortsteile mit all ihrer Tradition aufzugeben.

Diskussionsleiter Walter Thewes würdigte die Projektstudie als ein „schulisches Experiment mit politischer Auswirkung". Die Auswertung sei in gewissem Sinne „eine Provokation der Politiker". In der Diskussion – an der auch die beiden Klassenlehrer Michael Glaser und Richard Becker teilnahmen – ging es u.a. auch um die Verkehrsverbindungen und den Bau von Gehwegen zwischen den vier Ortsteilen.

Anschriften der Verfasser

Bauer, Lothar
Am Walde 18, 8411 Wenzenbach

Dr. Dege, Wilfried
Tiroler Straße 15, 4600 Dortmund 50

Goltsche, Manuel S.
Hasenheide 73, 1000 Berlin 61

Prof. Dr. Kersberg, Herbert
Cunostraße 92, 5800 Hagen

Nagels, Theo
Jägerhofstraße 17, 4330 Mühlheim/Ruhr

Schmidt, Axel K. U.
Talbrückenstraße 35, 4800 Bielefeld 1

Siewecke, Gerhard
Miquelstraße 16, 4900 Herford

Sohl, Udo
Leinenbrink 15, 4806 Werther

Dipl.-Päd. Dr. Voigt, Hartmut
Wilkestraße 3, 5982 Neuenrade

Wagner, Emil
Dirminger Straße 6, 6694 Marpingen

Leitung des Modellversuchsprogramms „Projektarbeit in Schullandheimen“:

Kruse, Klaus
Griegstraße 36, 2000 Hamburg 50

Verband Deutscher Schullandheime e.V.
Geschäftsstelle: Am Marienkirchhof 6, 2390 Flensburg
Sitz: Mendelssohnstraße 86, 2000 Hamburg 50